樹脂粘土でつくる
とっておきのミニチュアスイーツ

树脂黏土甜点手作

（日）关口真优　著

裴丽　史海媛　译

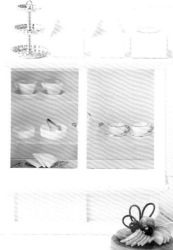

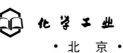

化学工业出版社

·北京·

本书中文简体字版由河出书房新社授权化学工业出版社独家出版发行。

本版本仅限在中国内地（不包括中国台湾地区和香港、澳门特别行政区）销售，不得销往中国以外的其他地区。未经许可，不得以任何方式复制或抄袭本书的任何部分，违者必究。

北京市版权局著作权合同登记号：01-2017-4759

图书在版编目（CIP）数据

树脂黏土甜点手作／（日）关口真优著；裴丽，史海媛译. — 北京：化学工业出版社，2019.4（2024.9重印）

ISBN 978-7-122-33808-2

Ⅰ．①树… Ⅱ．①关… ②裴… ③史… Ⅲ．①树脂-黏土-手工艺品-制作 Ⅳ．①TS973.5

中国版本图书馆CIP数据核字（2019）第016097号

责任编辑：高　雅　　　　　　　　　　　　装帧设计：王秋萍

责任校对：王素芹

出版发行：化学工业出版社（北京市东城区青年湖南街 13 号　邮政编码 100011）

印　　装：北京宝隆世纪印刷有限公司

787mm×1092mm　　1/16　　印张 5　　字数 180 千字　　2024 年 9 月北京第 1 版第 3 次印刷

购书咨询：010-64518888　　　　　　　　　　售后服务：010-64518899

网　　址：http://www.cip.com.cn

凡购买本书，如有缺损质量问题，本社销售中心负责调换。

定　价：49.80 元　　　　　　　　　　　　　　版权所有　违者必究

目 录

① 海绵蛋糕 / 慕斯蛋糕 … 6

② 泡芙 / 蛋挞 / 派 … 28

制作前准备

○各配方的黏土基本为制作1个所需份量。但是，少量黏土不容易上色，特别是小零件按方便制作的份量进行介绍。

○黏土完全干燥需要2~5天，与作品的大小、季节、黏土的种类也有关系，需要根据状态进行调整。

〈黏土的保存〉

未使用完的黏土用保鲜膜包住放入密封袋中保存，以免黏土干燥（可保持3个月左右）。从包装袋中取出的黏土用保鲜膜包住放入密封袋，放至第二天也可以使用。

INTRODUCTION

制作喜爱的
树脂黏土甜点

本书的
使用方法

1 选择喜欢的甜点，制作坯子

本书中介绍的甜点大致分为5种。
从第1~2章（p.6~45）中选择喜欢的甜品。

海绵蛋糕　　　慕斯蛋糕　　　泡芙　　　蛋挞　　　派

2 制作装饰用零件

参考第1~2章介绍的作品，自由装饰！
从第3章（p.46~71）中选择喜欢的零件，开始制作。

3 将零件装饰于甜点上

用水果、巧克力装饰，涂上奶油、果酱，搭配喜欢的零件，将甜点装饰得更加华丽美味。

基本的材料

介绍树脂黏土甜点中使用的主要材料

黏土

MODENA

纹理粗且透明的树脂黏土。适合用于所有烤制甜点。成形后质感硬脆。

GRACE

透明感优越的树脂黏土，纹理细，可拉伸摊薄至极限。适合用于需要光泽感的水果等。

HEARTY

轻质树脂黏土。容易拉伸，不易沾手，使用方便。质感松软、有弹性。

HALF-CILLA

轻质黏土。重叠也不会黏在一起，容易切开。能够制作整齐的层面，方便用于呈现切面时使用。

SUKERUKUN

高透明度、柔软的黏土。能够表现橙子、猕猴桃等水果的多汁及透明感。

上色

GRACE COLORS

共9种颜色的黏土。质感透明，发色优美。将黏土上色为黑色时混合使用。

丙烯颜料

除了混合黏土上色，还可用画笔涂色，表现甜点的烤制颜色等。本书中使用软质型。

装饰颜料

共13种颜色的丙烯颜料。用于黏土甜点的上色。涂料颜色深，无法用画笔涂色时，用丙烯颜料稀释后使用。

粘合

木工胶水

用于粘合装饰零件等。干燥后呈透明感。

方便使用的材料

清漆（光亮型）

成品后涂上，增加强度。建议使用光亮型清漆、水性丙烯清漆或木工清漆。溶于SUKERUKUN后使用。

婴儿润肤油

脱模或切割时涂在模子、吸管、美工刀上，防止黏土附着。

婴儿爽身粉

没有"装饰达人（p.36）"时，用其代替表现糖霜。与白色的丙烯颜料混合使用。

奶油质感泡沫涂料

弹性质感，能够表现真实感的发泡奶油。干燥前可溶于水中，方便收拾。

基本的工具

介绍树脂黏土甜点中使用的主要工具。

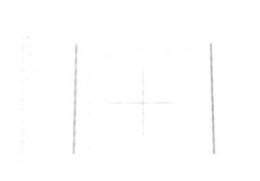

刻度尺·压模器

用于捣碎黏土。刻度尺选择透明的，方便测量尺寸。压模器使用市场购买的成品压模器。

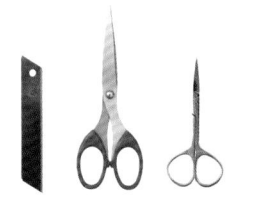
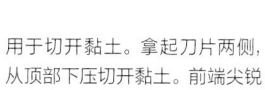

美工刀片·剪刀

用于切开黏土。拿起刀片两侧，从顶部下压切开黏土。前端尖锐的剪刀方便使用。

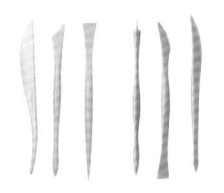

黏土刮刀

用于黏土上添加条纹、花纹等。各生产厂商的刮刀形状可能有所不同，自行挑选。

牙刷

用于在黏土上压出质感。为了深刻表现凹凸，建议选择硬毛牙刷。

甜点细工棒

前端为圆形的甜点细工棒，方便在黏土上压出凹坑等质感。

牙签

用于取少量丙烯颜料，还可制作水果及调整黏土形状。

镊子

除了夹取细小物体，还用于制作海绵质感及调整黏土形状。

烤箱纸

用刻度尺或压模器捣碎黏土时垫在中间，防止附着黏土。

透明膜

黏土成形时垫在下方。黏土不容易附着，方便使用。

海绵

使黏土干燥时放在顶部。透气性佳，底部也能充分干燥。

画笔

面积大时用扁头画笔，细微部分用尖头画笔。

化妆用粉扑

用于将丙烯颜料或涂料涂在黏土上。拍打上色，呈现深浅自然的色调。

方便使用的工具

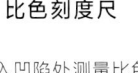

比色刻度尺

黏土放入凹陷处测量比色的工具。本书中用于马卡龙（p.63）的成形。

小杯子·小托盘

小杯子用于装颜料，一次性小托盘制作果酱（p.70）。

保鲜膜·便签纸

使用颜料时代替调色盘。一次性的更方便使用。

吸管·一次性筷子

吸管用于切取黏土或制作卷边。一次性筷子用于固定黏土。

软性胶水

如橡胶般柔软，且容易剥开的胶水。用于将黏土固定于一次性筷子等。

模子（圆形）

将黏土切成圆形。本书中使用的模子直径分别为 1.5cm、2.4cm、3.4cm、3.9cm 及 4.7cm。

part

1

海绵蛋糕
慕斯蛋糕

〜〜〜〜〜

有分切蛋糕、蛋糕卷、整块蛋糕等，
如同甜点店的展柜中摆放的蛋糕那样华丽美味。
用奶油、水果等装饰也是乐趣之一，
自由搭配第 3 章的装饰零件，
制作出自己喜欢的甜点。

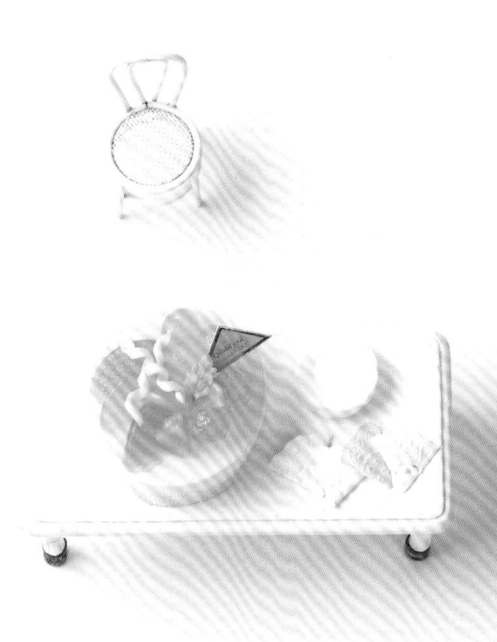

GÉNOISE
MOUSSE

~~~~~~

GÉNOISE, MOUSSE

1

petit gateau

分切蛋糕

传统的草莓奶油蛋糕和成人口感的巧克力蛋糕。
用镊子在黏土上凿取开孔，表现出海绵质感。

→ 制作方法 p.16

2

petit gateau

长方形蛋糕

与分切蛋糕的制作方法相同，但装饰更多、
更华丽。坯子用黏土和奶油用黏土交替重合，
制作分层。

→ 制作方法 p.18

GÉNOISE, MOUSSE

3

biscuit roule

蛋糕卷

有许多水果的香草蛋糕卷和口味浓醇的巧克力蛋糕卷。
如同真正的甜点般，用两种颜色的黏土卷起成形。

→ 制作方法 p.19

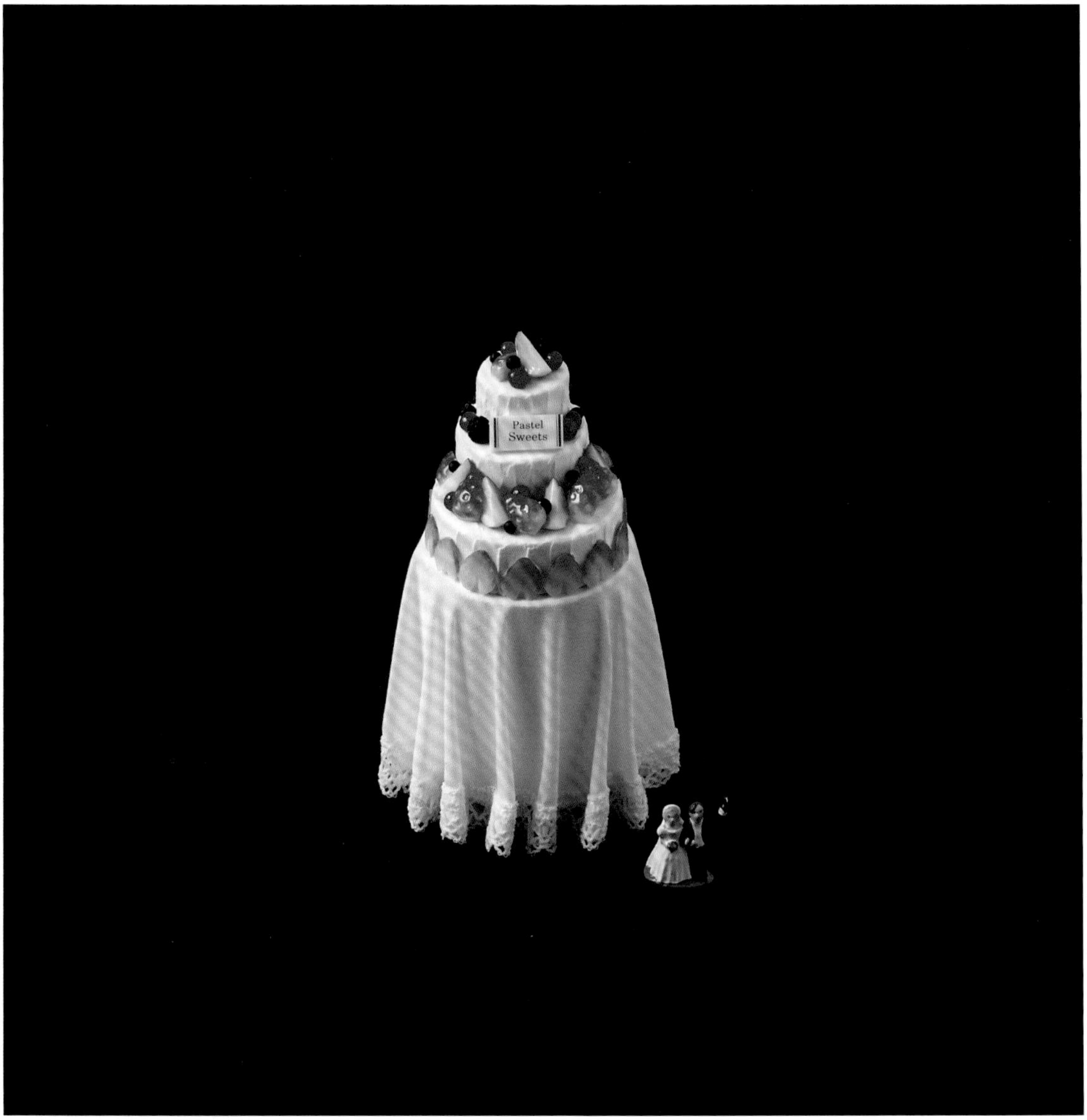

GÉNOISE, MOUSSE

4

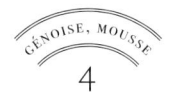

gâteau de mariage

婚礼蛋糕

外观华丽，仅用大、中、小的3个坯子重叠而成，出乎意料地简单。
用草莓等简单装饰，呈现出高档质感。

→ 制作方法 p.20

mousse au gelee
果冻慕斯蛋糕

搭配透明的果冻和水果，看起来很清凉的甜点。
多层黏土重叠，需要制作海绵坯子、奶油坯子及慕斯坯子。

→ 制作方法 p.21

mousse au chocolat

圆形巧克力慕斯蛋糕

圆形模子制作的甜点，用光亮的巧克力酱装饰。
放上金箔，增添奢华感。

→ 制作方法 p.23

GÉNOISE, MOUSSE

7

entremets

整块蛋糕

用红醋栗果酱和红色水果装饰，
巧克力坯子加上圆点装饰。

→ 制作方法 p.24

A

B

搭配奶油色、白色、新鲜颜色的水果，
浅色分层显得优雅。

→ 制作方法 p.24

C

切开后的3层蛋糕。
用马卡龙装饰，增添丰富感。

→ 制作方法 p.26

分切蛋糕

... p.8

通过分切蛋糕，
介绍树脂黏土甜点的制作方法。
每种甜点的黏土的上色、成形、装饰
的流程均相同。

材料

黏土
HALF-CILLA

上色
草莓奶油蛋糕
丙烯颜料
〈铁黄色〉
巧克力蛋糕
丙烯颜料
〈红褐色〉
〈象牙黑〉

装饰
草莓奶油蛋糕
奶油质感泡沫涂料
草莓（p.48）
木工胶水
巧克力蛋糕
巧克力酱 A（p.70）
奶油质感泡沫涂料
丙烯颜料
〈浅棕红色〉
橙子切片（p.56）
装饰巧克力 4、6（p.67）
蛋糕插牌（根据喜好，p.68）
木工胶水

成品尺寸
约 3cm

STEP 1　上色

▶ 丙烯颜料混入黏土，
进行上色。

1 将黏土摊开成合适大小，用牙签蘸取少量丙烯颜料（铁黄色）放上。

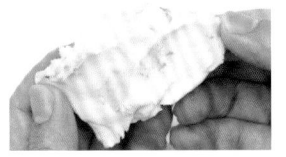

2 拉伸黏土，重复拍打，使其整齐均匀。

3 混合完成。

如果颜色浅，可观察状态，逐量添加颜料。干燥后的黏土颜色会变深，上色时建议比成品目标颜色稍浅。

STEP 2　成形

▶ 制作蛋糕的零件，
并组装。

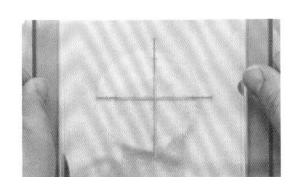

1 用上过色的黏土制作直径 2.5cm 圆球，用压模器（或刻度尺）压住圆球，拉伸为直径 5cm 的圆形。共制作 2 片（坯子用黏土）。

建议用烤箱纸夹住黏土，避免附着。

2 用未上色的黏土制作直径 3cm 的圆球，按步骤1同样方式拉伸（奶油用黏土）。

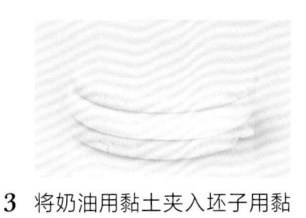

3 将奶油用黏土夹入坯子用黏土之间。

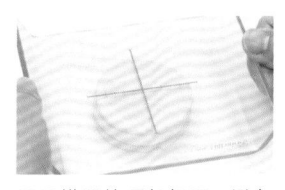

4 用压模器从顶部轻压，避免产生间隙。

5 用直径 3.9cm 的圆形模子切出形状，并剥掉多余的黏土。

6 用美工刀切成扇形。
先用美工刀竖直切出刀痕，更容易切整齐。剥掉四周多余的黏土，制作其他零件时还可使用。

7 用牙刷压住切面，制作出质感。

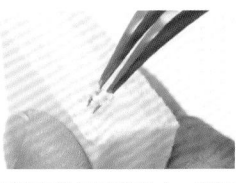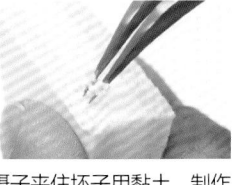

8 用镊子夹住坯子用黏土，制作出海绵的质感，并待其干燥。
反复抹回摄子上附着的黏土，同时凿出细密的开孔。

装饰

▶ 自由装饰奶油及装饰零件。

1 在表面和后侧涂布奶油质感泡沫涂料，用黏土刮刀拉伸抹匀。

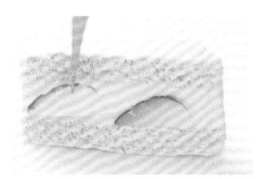

2 用美工刀草莓切片对半切开，用胶水粘合于蛋糕侧面。

3 将奶油质感泡沫涂料放入裱花袋中，挤在蛋糕表面，干燥之前放上草莓。

巧克力蛋糕的制作方法

※ 制作方法的流程相同。

上色
将丙烯颜料（红褐色）、（象牙黑）混合调制成深褐色，混合入黏土中。坯子用黏土为深褐色，奶油用黏土为浅褐色（图片 a）。

装饰
将丙烯颜料混合入奶油质感泡沫涂料（浅棕红色）中，制作巧克力奶油（图片 b、c）。在蛋糕的表面和后侧涂上巧克力酱 A。表面挤入巧克力奶油，干燥之前放上装饰巧克力 4、对半切片的橙子切片，再用胶水粘合装饰巧克力 6 和蛋糕插牌。

a

b

c

长方形蛋糕

... p.9

材料

黏土

HALF-CILLA

上色

香草味
丙烯颜料
〈铁黄色〉
巧克力味
丙烯颜料
〈红褐色〉
〈象牙黑〉

装饰

香草味
奶油质感泡沫涂料
草莓（p.48）
蛋糕插牌（根据需要，p.68）
白桃（p.52）
红醋栗（p.52）
细叶芹（p.61）
环氧树脂胶水（p.71）
木工胶水
巧克力味
巧克力酱 A（p.70）
橙子切片（p.56）
橙子（p.56）
杏仁（p.62）
切片的杏仁（p.62）
腰果（p.62）
开心果（p.62）
葡萄干（p.63）
蔓越莓干（p.63）
装饰巧克力 2、8（p.67）
木工胶水

成品尺寸 约 3.5cm×2cm

准备

香草味
按 p.16 的要领，用丙烯颜料（铁黄色）将黏土上色为浅黄色，并制作 4 个直径 2cm 的圆球（坯子用）。用未上色的黏土制作 3 个直径 2.3cm 的圆球（奶油用）。

巧克力味
将丙烯颜料（红褐色）、（象牙黑）混合调制成深褐色，上色为深褐色（坯子用）及浅褐色（奶油用）（参照 p.17 的图片 a）。按香草味（上述）同样方法制作圆球。

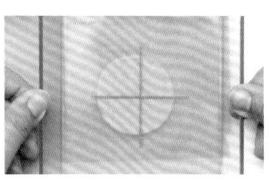

1 用压模器（或刻度尺）压住圆球，拉伸为直径 5cm 的圆形。

建议用烤箱纸夹住黏土，避免附着。

2 重复步骤 1，将坯子用圆球及奶油用圆球分别拉伸为圆形。

3 按顺序依次交替重合坯子用黏土及奶油黏土。

4 用美工刀切掉四周，制作成 4cm×2.5cm 的长方形。

按 p.21 的图片 4 的要领，在透明膜上画出长方形作为标记，这样容易切割。

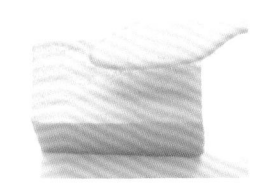

5 用牙刷压住切面，制作出质感。

6 用镊子夹住坯子用黏土，制作出海绵的质感，并待其干燥。

反复抹回镊子上附着的黏土，同时凿出细密的开孔。

7 在表面涂布奶油质感泡沫涂料，用黏土刮刀拉伸抹匀（巧克力味涂布巧克力酱 A）。

8 装饰对应的装饰零件，位置确定后，用胶水粘合。

:

摆放切成 1/2 的草莓，根据喜好装饰蛋糕零件。

摆放白桃，用红醋栗、细叶芹装饰，涂布环氧树脂胶水。

摆放杏仁、腰果、开心果，放上装饰巧克力 2。

用橙子切片、橙子、葡萄干、蔓越莓干、切片的杏仁、开心果装饰，放上装饰巧克力 8。

蛋糕卷

... p.10

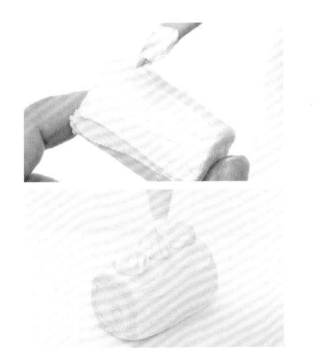

材料

黏土
HALF-CILLA

上色
香草味
丙烯颜料
〈铁黄色〉
巧克力味
丙烯颜料
〈红褐色〉
〈象牙黑〉

装饰
香草味
奶油质感泡沫涂料
苹果（p.48）
草莓（p.48）
红醋栗（p.52）
细叶芹（p.61）
橙子（p.56）
猕猴桃（p.56）
木工胶水
巧克力味
装饰巧克力 3、4、8（p.67）
切片的杏仁（p.62）
木工胶水

成品尺寸
约 3.5cm×2cm

准备
香草味
按 p.16 的要领，用丙烯颜料（铁黄色）将黏土上色为浅黄色，并制作成直径 3.5cm 的圆球（坯子用）。用未上色的黏土制作直径 3.2cm 的圆球（奶油用）。
巧克力味
将丙烯颜料（红褐色）、（象牙黑）混合调制成深褐色，上色为深褐色（坯子用）及浅褐色（奶油用）（参照 p.17 的图片 a）。按香草味（上述）同样方法制作圆球。

1 圆球制作成稍微椭圆的形态，用压模器（或刻度尺）压住圆球，拉伸压平。将坯子用黏土切成 4.5cm×5.5cm 的长方形，奶油用黏土切成 4cm×4.5cm 的长方形。

2 将奶油用黏土放在坯子用黏土上，再用美工刀切入条纹，方便卷起。

3 紧紧卷起，最后用手指抹平封闭。接着，滚动调整形状。

4 用牙刷压住切面，制作质感。

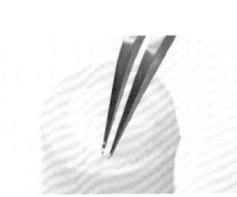

5 用镊子夹住坯子用黏土，制作出海绵的质感，并待其干燥。
反复抹回镊子上附着的黏土，同时凿出细密的开孔。

6 香草味的四周涂布奶油质感泡沫涂料，用黏土刮刀拉伸抹平。接着再将奶油质感泡沫涂料放入裱花袋中，挤在顶部。

7 装饰对应的装饰零件，位置确定后，用胶水粘合。

⋮

将苹果放在挤出的奶油顶部，用切片的草莓、红醋栗、细叶芹装饰。根据喜好，用切片的草莓、橙子、猕猴桃装饰切面的奶油用黏土。

对齐蛋糕的弧度，粘合装饰巧克力 8，侧面粘上切片的杏仁。顶部用装饰巧克力 3、4 装饰。根据喜好，将切细的装饰巧克力 3 塞入切面的奶油用黏土。

将零件塞入切面的奶油用黏土时，最好在黏土干燥前（制作步骤 4 的质感之前）进行。

婚礼蛋糕

... p.11

材料

[黏土]
HALF-CILLA

[装饰]
奶油质感泡沫涂料
草莓（p.48）
红醋栗（p.52）
蓝莓（p.52）
黑莓（p.52）
装饰巧克力4（p.67）
木工胶水

成品尺寸
底部直径约5cm× 高约5cm

3 一片用直径4.7cm的圆形模子切出形状，另一片用直径3.4cm及2.4cm的模子切出形状。

1 用未上色的黏土制作2个直径5cm的圆球。

4 用圆形模子切出的黏土，分为大、中、小。

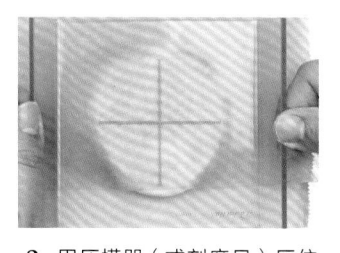

2 用压模器（或刻度尺）压住圆球，拉伸为直径7cm的圆形。
建议用烤箱纸夹住黏土，避免附着。

5 按大、中、小的顺序重叠，并用木工胶水粘合。
对齐圆形的后端（不是圆中央）重叠，方便装饰零件装饰。

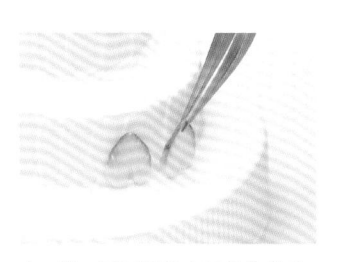

6 四周涂布奶油质感泡沫涂料，用黏土刮刀画出线条进行调整。
蛋糕固定于盖子等上方，方便操作。泡沫涂料干燥后表面呈现气孔状，应快速涂布。干燥后浇入少量水，抹平。

7 第一层四周粘合切片的草莓。顶部摆放切成1/2的草莓，间隙位置用红醋栗、蓝莓装饰。第二层的中央放上装饰巧克力4，用红醋栗、黑莓、蓝莓装饰。第三层的顶部用切成1/2的草莓、蓝莓、红醋栗、黑莓装饰。

果冻慕斯蛋糕

... p.12

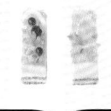

材料

黏土

HALF-CILLA

上色

草莓味
装饰颜色
（草莓牛奶色）

蜜瓜味
装饰颜色
（抹茶色）

装饰

清漆〈光亮型〉
模型水（p.22）

草莓味
红醋栗（p.52）
树莓（p.52）
开心果（p.62）
细叶芹（p.61）
装饰巧克力 2（p.67）

蜜瓜味
蜜瓜球（p.56）
黄桃（p.52）
开心果（p.62）
细叶芹（p.61）
装饰巧克力 2（p.67）

成品尺寸
约 4cm×2cm

准备

在透明膜上挤出抹开模型水，放置
1 天左右使其硬化。

1 按 p.16 的要领，用装饰颜色
（草莓牛奶色）、（抹茶色）对
黏土上色，用深粉色（绿色）
制作 2 个直径 2cm 的圆球，
浅粉色（绿色）制作 1 个直
径 3cm 的圆球。用未上色的
黏土制作 2 个直径 2cm 的圆
球。

3 按深粉色（绿色）、未上色、
深粉色（绿色）、未上色、浅
粉色（绿色）的顺序重叠。

2 用压模器（或刻度尺）压住
圆球，拉伸为直径 5cm 的圆
形。
建议用烤箱纸夹住黏土，避免附着。

4 在透明膜上画出 4.5cm×
2cm 的长方形（将透明膜拉
伸至黏土放在上方时能够看
到线条的程度）。

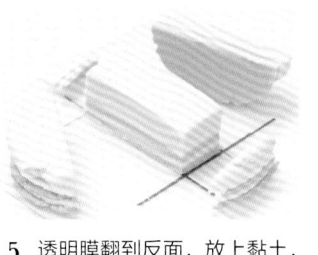

5 透明膜翻到反面，放上黏土，用美工刀沿着线切开，制作成长方形。

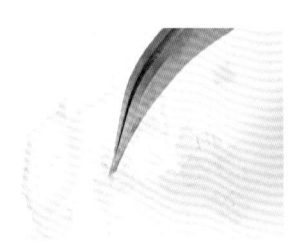

9 用镊子掀起轻轻捣碎。

12 装饰各自的装饰零件，位置确定后，用模型水粘合。

用红醋栗、树莓、开心果、细叶芹、切半的装饰巧克力 2 装饰。

用蜜瓜球、黄桃、开心果、细叶芹、切半的装饰巧克力 2 装饰。

6 用镊子夹住切面的深粉色黏土，制作出海绵的质感，并待其干燥。

10 将模型水倒入小托盘，拌入步骤 9 的成品。

模型水具有胶水的作用，拌入后放在蛋糕上。

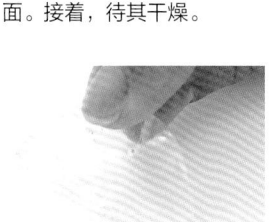

7 装饰颜色（草莓牛奶色）、（抹茶色）混合于清漆（光亮型）中调制成果酱，并涂布于表面。接着，待其干燥。

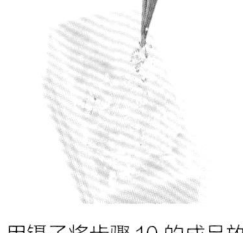

11 用镊子将步骤 10 的成品放在蛋糕表面，整面均匀摊开。

模型水

用于铁路模型等表现水质感的高透明度液态状材料。15 分钟后开始硬化，完全硬化需要 1 天左右。

8 将已经硬化的模型水从透明膜中剥下。

圆形巧克力慕斯蛋糕

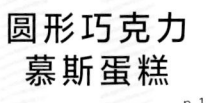

... p.13

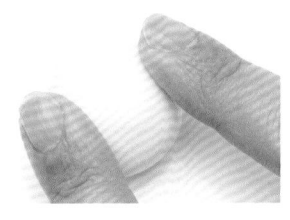

1 将黏土制作成直径 2.5cm 的圆球，形状调整为圆形。

材料

黏土

HALF-CILLA

上色
丙烯颜料
〈浅棕红色〉

装饰
巧克力酱 B（p.70）
装饰巧克力 7（p.67）
金箔（右述）

成品尺寸
直径约 3cm

2 将步骤1成品固定于一次性筷子上，整面涂布丙烯颜料（浅棕红色），待其干燥。

> 黏土未涂布成深褐色，会导致顶部加上的巧克力酱呈透明状。固定在一次性筷子上操作，方便涂布。

4 四周粘合装饰巧克力 7，顶部放上金箔。

> 巧克力酱 B 完全干燥前放上金箔以粘合。金箔容易脱落，加工成装饰物（p.72）时建议不要放在顶上。

3 表面涂布巧克力酱 B。利用重力使巧克力酱下沉，顶部的颜色逐渐变浅，应经常颠倒翻转以保持整体色调均匀。

金箔

> 美甲等使用的工艺金箔。用镊子取出，撕裂成合适大小。

整块蛋糕
A、B ... p.14

材料

黏土
HALF-CILLA

上色
A
丙烯颜料
〈艳红色〉
〈红褐色〉
〈象牙黑〉
〈钛白色〉
〈铁黄色〉
B
丙烯颜料
〈铁黄色〉

装饰
A
黑醋栗果酱（p.70）
苹果（p.48）
树莓（p.52）
樱桃（p.52）
蓝莓（p.52）
装饰巧克力1（p.67）
黏土装饰模板纸 圆点（p.25）
蛋糕插牌（根据喜好，p.68）
木工胶水
B
柚子果酱（p.70）
橙子（p.56）
柚子（p.56）
蜜瓜球（p.56）
黄桃（p.52）
装饰巧克力6（p.67）
细叶芹（p.61）
蛋糕插牌（根据喜好，p.68）
木工胶水

成品尺寸
直径约5cm

※ 通过整块蛋糕 A 的制作方法进行解说。

1 按 p.16 的要领，用丙烯颜料（艳红色）将黏土上色为深粉色，制作直径 3.5cm 的圆球（黑醋栗坯子）。混合丙烯颜料（红褐色）、（象牙黑）调制成深褐色，将黏土上色为褐色，制作直径 4cm 的圆球（巧克力坯子）。

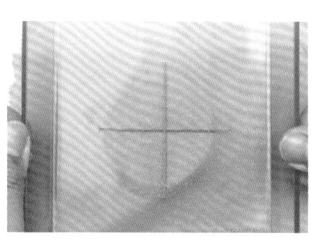

2 用压模器（或刻度尺）压住圆球，拉伸为直径 5.5cm 的圆形。

建议用烤箱纸夹住黏土，避免附着。

3 黑醋栗坯子重叠于巧克力坯子上。

4 用压模器从顶部轻压，避免产生间隙。

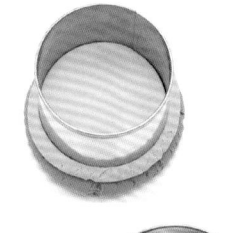

5 用直径 4.7cm 的圆形模子切出形状，并剥掉多余的黏土。

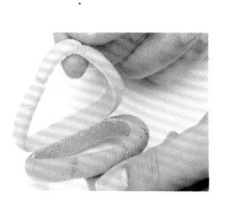

剥掉四周多余的黏土，制作其他零件时还可使用。

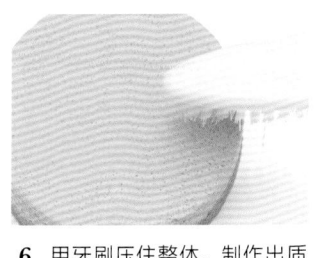

6 用牙刷压住整体，制作出质感，并待其干燥。

7 在丙烯颜料（钛白色）中混合少量（铁黄色），制作浅黄色。

8 模板纸对齐巧克力坯子的黏土，涂布步骤 7 成品，制作圆点花纹。

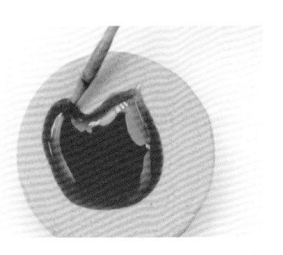

9 表面涂布黑醋栗果酱，并摊开抹匀。

10 摆放苹果，用樱桃、树莓、蓝莓、装饰巧克力 1 装饰，根据喜好放上蛋糕插牌。位置确定后，用木工胶水粘合。

用未上色的黏土制作直径 3.5cm 的圆球，按 p.16 的要领，用丙烯颜料（铁黄色）将黏土上色为浅黄色，制作直径 4cm 的圆球。按整块蛋糕 A 的步骤 2 ~ 6 的要领制作成形，并加上圆点花纹。均匀涂布柚子果酱，摆放橙子、柚子，用蜜瓜球、切开的黄桃、装饰巧克力 6、细叶芹装饰，根据喜好放上蛋糕插牌。位置确定后，用木工胶水粘合。

黏土装饰模板纸　圆点

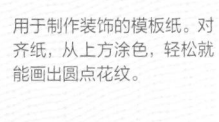

用于制作装饰的模板纸。对齐纸，从上方涂色，轻松就能画出圆点花纹。

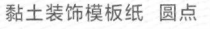

整块蛋糕 C ... p.15

材料

[黏土]
HALF-CILLA

[上色]
丙烯颜料
〈艳红色〉
〈红褐色〉
〈象牙黑〉

[装饰]
黑醋栗果酱（p.70）
树莓（p.52）
红醋栗（p.52）
装饰巧克力4（p.67）
开心果（p.62）
薄荷（p.61）
马卡龙（p.63）
木工胶水

成品尺寸
直径约 5cm

封蜡印章

类似于信封上封蜡使用的印章。本书中在按压圆形模子中填充的黏土时，正好可以利用印章手柄的圆弧部分。

1　按 p.16 的要领，用丙烯颜料（艳红色）将黏土上色为深粉色，制作直径 3.5cm 的圆球（黑醋栗坯子）。混合丙烯颜料（红褐色）、（象牙黑）调制成深褐色，将黏土上色为褐色，制作直径 2cm 的圆球（巧克力坯子）。用未上色的黏土制作直径 2.5cm 的圆球（奶油慕斯坯子）。

2　在直径 4.7cm 的圆形模子中涂布婴儿润肤油，塞入黑醋栗坯子。用带圆弧的棒子（本书中使用左侧封蜡印章的手柄部分）压实底部的黏土，堆起侧面的黏土。

事先涂布婴儿润肤油，使黏土容易从模子中取出。

3　将奶油慕斯坯子黏土塞入步骤 2 的成品中。

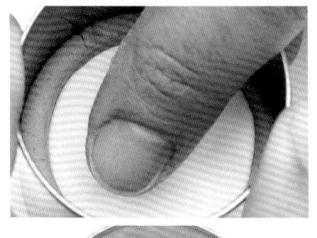

4　用手压紧抹匀，调整平滑。

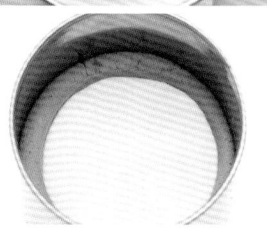

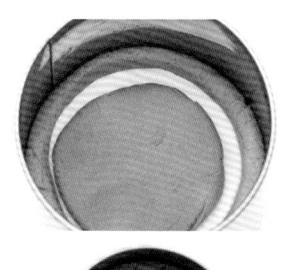

5　继续塞入巧克力坯子，用手抹开至看不见白色部分为止。

6 从模子中剥下黏土。

9 用牙刷压住切面,制作出质感。

12 用牙签在切面的巧克力坯料和奶油慕斯的交界侧涂布步骤 11 的果酱。

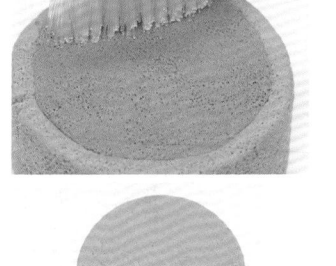

7 用牙刷压住正面、反面及侧面,整体制作出质感。

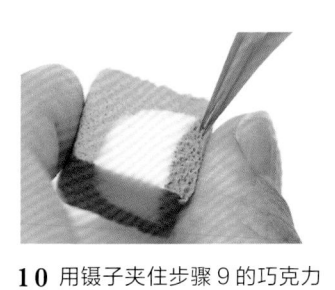

10 用镊子夹住步骤 9 的巧克力坯子,制作出海绵的质感,并待其干燥。

反复抹回镊子上附着的黏土,同时凿出细密的开孔。根据喜好,也可在整块蛋糕的切面制作出同样质感。

13 在蛋糕表面均匀涂布步骤 11 的果酱(切开的蛋糕表面也要涂布)。

14 摆放树莓、红醋栗,用装饰巧克力 4、开心果、薄荷装饰。位置确定后,用胶水粘合。整块蛋糕和切开蛋糕的侧面粘合马卡龙。

8 用美工刀切出一小块。

切出 1/6 左右,整体显得均匀。

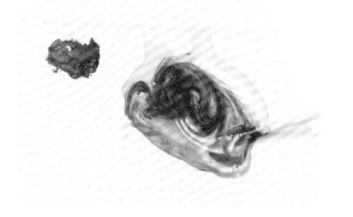

11 混合等量的环氧树脂胶水 A 和 B,加入丙烯颜料(艳红色)调制成黑醋栗果酱。

part

2

泡芙
蛋挞
派

~~~~~~~~

轻质、高档的奶油泡芙及巴黎车轮泡芙，
简单诱人的美味。
看着就令人兴奋的蛋挞，
还有追求细节的派。
每款都是绝佳的作品，
选择一款自己喜欢的来做吧！

PÂTE À CHOUX
TARTE

choux á la crème

奶油泡芙

泡芙皮中间制作空洞，外形脆爽诱人。
挤入许多奶油，增加高度。

→ 制作方法 p.35

paris-brest

巴黎车轮泡芙

泡芙坯子烤制成环状的法式甜点。
挤入奶油，
再夹入香蕉和草莓。

→ 制作方法 p.37

éclair

闪电泡芙

细长的坯子涂上果酱，色彩缤纷的泡芙。
再加上水果等，更显诱人。

→ 制作方法 p.39

tarte

蛋挞

水果丰富的华丽蛋挞。
蛋挞坯子制作模子，大量制作后搭配各种水果，
花样百变。

→ 制作方法 p.40

PÂTE À CHOUX, TARTE

5

petit tarte

小蛋挞

使用软木黏土表现蛋挞的焦脆质感。
只需放入市场买来的模子中，轻松就能成形。

→ 制作方法 p.43

tarte aux cerises

樱桃派

组装稍稍麻烦，但细致工作也是乐趣之一。
派中间的樱桃也使用两种黏土来表现，真实生动。

→ 制作方法 p.44

奶油泡芙

... p.30

材料

黏土
MODENA

上色
丙烯颜料
〈铁黄色〉
〈浅红褐色〉
〈浅棕红色〉

装饰
装饰达人〈粉砂糖〉(p.36)
切碎的杏仁(p.62)
奶油质感泡沫材料
木工胶水

成品尺寸
直径约 2.5cm

准备
按 p.16 的要领，用丙烯颜料（铁黄色）上色为浅黄色。

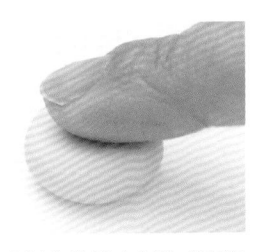

1 将上过色的黏土制作成直径 1.8cm 的圆球，并用手指压平。

2 将上过色的黏土制作成直径为 1.3cm、1cm、8mm 的圆球，放在步骤 1 的成品上。

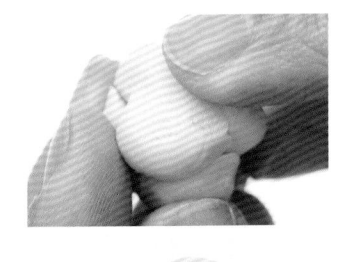

3 用手指拉伸抹平三个圆球的交界，使其贴合。
黏土干燥后蘸少量水，更容易拉伸。

4 用牙刷压住整体，制作出质感。

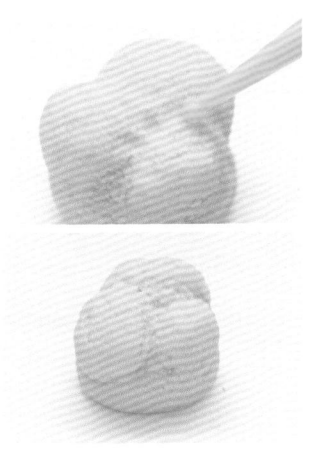

5 用甜点细工棒等压住交界位置，修整形状。放置（半天至 1 天）至表面达到干燥（半干）状态。

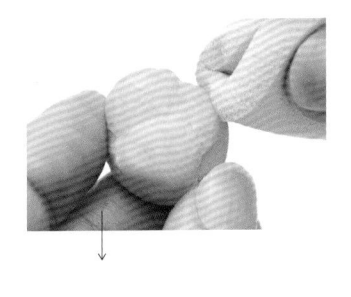

6 用海绵蘸取丙烯颜料（铁黄色），通过拍打对整体上色。同样方法，依次涂布（浅红褐色）及（浅棕红色）。
如果使用化妆用粉扑，色调深浅恰到好处，更显自然。不用细致涂布，拍打自由上色。三种颜色重合涂布，制作出深浅质感。

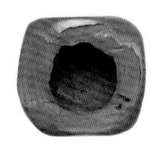

7 表面放上装饰达人（粉砂糖），用手指拍打均匀。

没有装饰达人时，将婴儿爽身粉与丙烯颜料（钛白色）混合，用画笔拍打的方式涂到表面（与丙烯颜料混合，使粉固定）。

奶油泡芙的模子

需要制作大量同类物体时，有模子更方便

10 黏土表面涂上胶水，粘上切碎的杏仁。

与制作方法 1～5 相同，用未上色的黏土干燥之后制作原型模子。按 p.40 的要领制作模子。使用模子时，将上过色的黏土塞入模子中，从制作方法 6 开始制作。

干燥后稍稍缩小的黏土为原型模子，使用模子制作，会比成品尺寸稍小。

8 用剪刀放平切半。

黏土干燥后变硬，剪刀难以剪开，且下个步骤中难以用手清除黏土，所以应在适当柔软（半生）的状态下剪开。

11 将奶油质感泡沫涂料放入裱花袋，挤入下侧的黏土中。

奶油堆高更诱人。

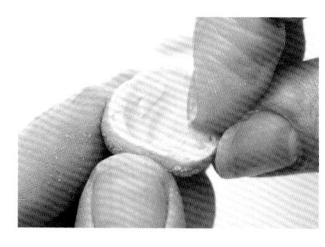

9 用手清除内侧的黏土。另一半边同样处理。

12 干燥之前盖上顶部的黏土。

根据喜好，也可夹入水果。

装饰达人

表现真实砂糖质感的白色粉状涂料，干燥后定型。分为两种，极细型（粉砂糖）和细型（砂糖）。

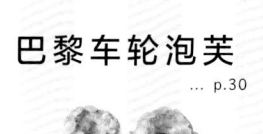

材料

[黏土]
MODENA

[上色]
丙烯颜料
〈铁黄色〉
〈浅红褐色〉
〈浅棕红色〉

[装饰]
装饰达人〈粉砂糖〉(p.36)
切片的杏仁(p.62)
草莓(p.48)
香蕉(p.48)
奶油质感泡沫材料
木工胶水

成品尺寸
直径约 3.5cm

准备
按 p.16 的要领，用丙烯颜料〈铁
黄色〉上色为浅黄色。

1 将上过色的黏土制作成 3 个
直径 1.8cm 的圆球，拉伸为
长度约 3.5cm 的棒状。

随意拉伸，前端稍细。

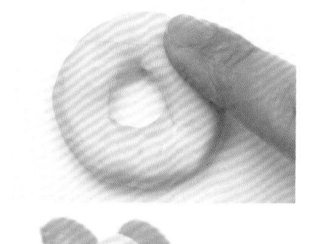

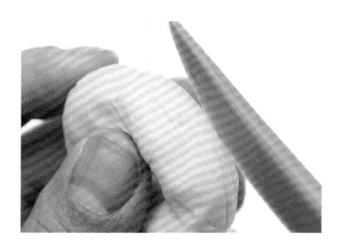

2 粘合 3 根棒状黏土，用手指
抹平交界位置。中心修整成
圆形，背面修整成平面。

3 用黏土刮刀在侧面加入条纹。

4 用甜点细工棒等压住表面制
作出凹凸质感，放置（半天
至 1 天）至表面达到干燥（半
干）状态。

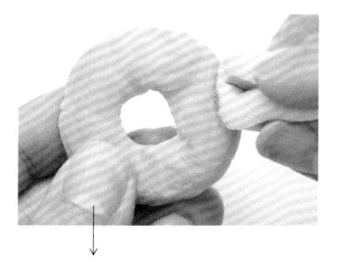

5 用海绵蘸取丙烯颜料〈铁黄
色〉，通过拍打对整体上色。
同样方法，依次涂布〈浅红
褐色〉及〈浅棕红色〉。

如果使用化妆用粉扑，色调深浅恰
到好处，更显自然。不用细致涂布，
拍打自由上色。三种颜色重合涂布，
制作出深浅质感。

6 表面放上装饰达人（粉砂糖），用手指拍打均匀。

没有装饰达人时，将婴儿爽身粉与丙烯颜料（钛白色）混合，用画笔拍打的方式涂到表面（与丙烯颜料混合，使粉固定）。

11 干燥之前摆上香蕉（或切片的草莓）。

9 黏土表面涂上胶水，贴上切片的杏仁。

重合部分涂上胶水，贴合于切片的杏仁。

12 再次挤入奶油质感泡沫涂料，干燥之前盖上顶部的黏土。

7 用剪刀放平切半。

黏土干燥后变硬，剪刀难以剪开，且下个步骤中难以用手清除黏土，所以应在适当柔软（半生）的状态下剪开。

10 将奶油质感泡沫涂料放入裱花袋，挤入下侧的黏土中。

巴黎车轮泡芙的模子

需要制作大量同类物体时，有模子更方便。

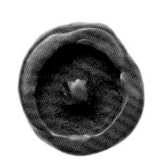

与制作方法 1 ~ 4 相同，用未上色的黏土干燥之后制作原型模子。按 p.40 的要领制作模子。使用模子时，将上过色的黏土塞入模子中，从制作方法 5 开始制作。

干燥后稍稍缩小的黏土为原型模子，使用模子制作，会比成品尺寸稍小。

8 用手清除内侧的黏土。另一半边同样处理。

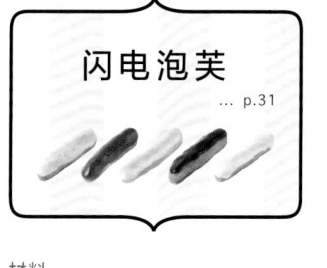

闪电泡芙

... p.31

材料

黏土
MODENA

上色
丙烯颜料
〈铁黄色〉
〈浅红褐色〉
〈浅棕红色〉

装饰
切片的杏仁（p.62）
巧克力酱 B（p.70）
草莓巧克力果酱（p.70）
白巧克力酱（p.70）
抹茶巧克力酱（p.70）
黑醋栗果酱（p.70）

成品尺寸　约 5cm

准备
按 p.16 的要领，用丙烯颜料（铁黄色）
上色为浅黄色。

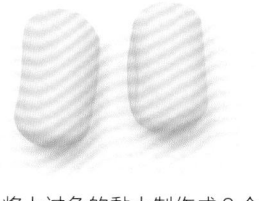

1 将上过色的黏土制作成 2 个
直径 2.2cm 的圆球，拉伸为
长度约 2cm 的棒状。

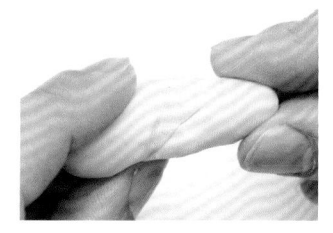

2 粘合 3 根棒状黏土，用手指
抹平交界位置。制作出凹凸
质感，修整形状。

3 用黏土刮刀在侧面加入条纹。

4 用甜点细工棒等压住表面制
作出凹凸质感，待其干燥。

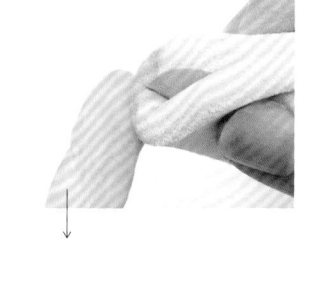

5 用海绵蘸取丙烯颜料（铁黄
色），通过拍打对整体上色。
同样方法，依次涂布（浅红
褐色）及（浅棕红色）。

如果使用化妆用粉扑，色调深浅恰
到好处，更显自然。不用细致涂布，
拍打自由上色。三种颜色重合涂布，
制作出深浅质感。

6 制作喜欢的果酱，涂在表面。

︙

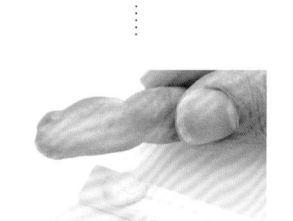

用软性胶水等将黏土固定于一次性
筷子，可拿起操作，方便涂色。

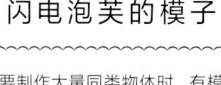

混入含环氧树脂胶水的果酱后等待
一会，达到可用牙签挑起的黏稠度
后开始涂布。

闪电泡芙的模子

需要制作大量同类物体时，有模子
更方便。

与制作方法 1 ~ 4 相同，用
未上色的黏土干燥之后制作
原型模子。按 p.40 的要领
制作模子。使用模子时，将
上过色的黏土塞入模子中，
从制作方法 5 开始制作。

干燥后稍稍缩小的黏土为原型模子，
使用模子制作，会比成品尺寸稍小。

蛋挞 ... p.32

材料

黏土
MODENA

上色
丙烯颜料
〈铁黄色〉
〈浅红褐色〉
〈浅棕红色〉

模子
硅胶制模器（p.41）

装饰
装饰达人〈粉砂糖〉（p.36）
白桃（p.52）
黄桃（p.52）
蜜瓜球（p.56）
草莓（p.48）
猕猴桃（p.56）
香蕉（p.48）
橙子（p.56）
柚子（p.56）
苹果（p.48）
红醋栗（p.52）
树莓（p.52）
樱桃（p.52）
切片的杏仁（p.62）
开心果（p.62）
蓝莓（p.52）
细叶芹（p.61）
蛋糕插牌〈根据喜好，p.68〉
奶油酱（p.70）
核桃（p.62）
薄荷（p.61）
环氧树脂胶水（p.71）
黑莓（p.52）
装饰巧克力 4（p.67）
木工胶水

成品尺寸
直径约 5cm

准备

· 按以下要领，制作蛋挞的模子。
· 按 p.16 的要领，用丙烯颜料〈铁黄色〉将黏土上色为浅黄色，
  并制成直径 3cm 的圆球。

蛋挞模子的制作方法

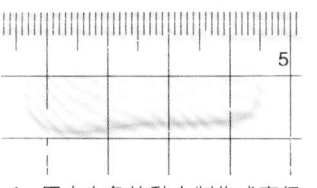

1 用未上色的黏土制成直径 1.5cm 的圆球，拉伸为长度约 3.5cm 的棒状。用刻度尺等压平。

5 依据说明书的要求，称量硅胶制模器所需两种材料的份量。

2 用牙刷压住整体，制作出质感。

6 混合两种材料，对应步骤 4 的原型大小，拉伸为椭圆形。

3 用黏土刮刀划入 9 条等间隔的条纹。

7 将原型埋入内侧，放置 1 小时左右。

4 用美工刀切掉上下左右多余的部分，待其干燥（模子的原型）。

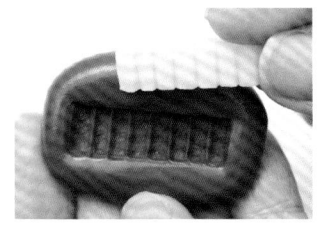

8 取下原型，蛋挞的模子完成。

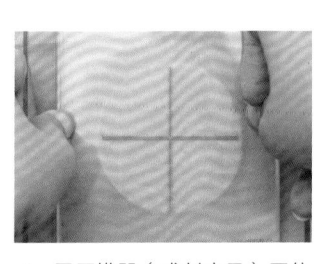

1 用压模器（或刻度尺）压住圆球，拉伸为直径 5cm 的圆形。

建议用烤箱纸夹住黏土，避免附着。

2 用直径 4.7cm 的圆形模子切出形状。

3 将多余的黏土汇集搓圆，紧紧填充于蛋挞的模子中，成形后取出。

4 重复步骤 3，制作 5 个。

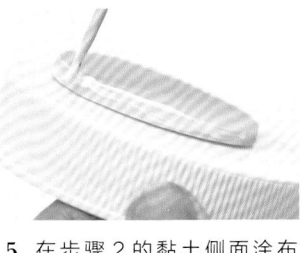

5 在步骤 2 的黏土侧面涂布胶水。

固定于盖子等上方，方便操作。

6 将步骤 4 的零件环绕于侧面，用黏土刮刀压紧贴合。

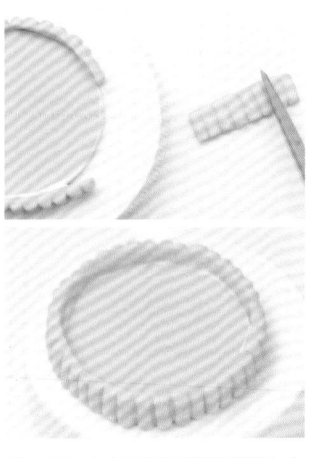

7 最后 1 个用刮刀切开调整为合适程度后贴上，并待其干燥。

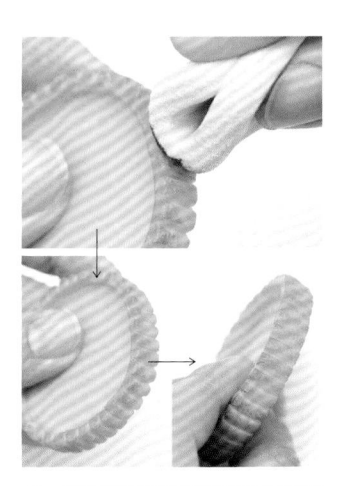

8 用海绵蘸取丙烯颜料（铁黄色），通过拍打对侧面和底部边缘上色。同样方法，依次涂布（浅红褐色）及（浅棕红色）。

如果使用化妆用粉扑，色调深浅恰到好处，更显自然。不用细致涂布，拍打自由上色。三种颜色重合涂布，制作出深浅质感。

硅胶制模器

可以将黏土填充入内的硅胶制模器。
仅填充入原型，就能轻松制作出模子。
3 分钟开始硬化，30 分钟左右完全硬化。

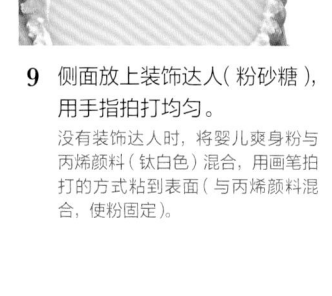

9 侧面放上装饰达人（粉砂糖），
用手指拍打均匀。

没有装饰达人时，将婴儿爽身粉与
丙烯颜料（钛白色）混合，用画笔拍
打的方式粘到表面（与丙烯颜料混
合，使粉固定）。

10 用未上色的黏土制作直径2cm
的圆球，放入步骤9的成品中
摊开。

为了方便摆放水果等，塞入黏土形
成底托（塞入至距离上方2～3mm
位置）。

11 装饰各种装饰零件，位置确
定后，用胶水粘合。

 →

摆放白桃、切片的黄桃、蜜瓜球、
切成1/2的草莓、切片的猕猴桃、
香蕉、橙子、柚子、放上苹果，
用红醋栗、树莓、切片的草莓、
樱桃、切片的猕猴桃装饰。

四周摆放切片的杏仁，将香蕉稍
稍堆起，最后用开心果装饰。

放上蓝莓（毫无间隙），用细叶芹、
蛋糕插牌（根据喜好）装饰。

放上缠着奶油酱的核桃（毫无间
隙），用开心果、蛋糕插牌（根
据喜好）装饰。

从外侧向内侧立起摆放白桃，中
心卷起塞入白桃。用红醋栗、蓝
莓、薄荷装饰。最后，涂布环氧
树脂胶水。

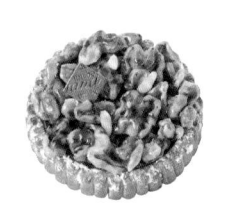 →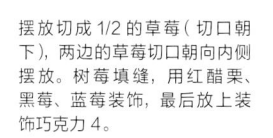

摆放切成1/2的草莓（切口朝
下），两边的草莓切口朝向内侧
摆放。树莓填缝，用红醋栗、
黑莓、蓝莓装饰，最后放上装
饰巧克力4。

小蛋挞

... p.33

材料

[黏土]

软木黏土
MODENA（或 HEARTY）

[装饰]

装饰达人（粉砂糖）（p.36）
橙子（p.56）
柚子（p.56）
装饰巧克力 2、4、6（p.67）
橙子切片（p.56）
细叶芹（p.61）
树莓（p.52）
蓝莓（p.52）
开心果（p.62）
木工胶水

成品尺寸
直径约 2.5cm

〈 小蛋挞
使用的模子 〉

利用松糕或纸杯蛋糕等使
用的小型（直径 4cm 左右）
模子

软木黏土

如黏土般可自由制作形状的
软木。根据颗粒大小，分为
细、中、粗，本书中使用粗
颗粒。

1 在模子上涂布婴儿润肤油，
防止黏土附着。

2 将软木黏土搓成直径为
1.8cm 的圆球，塞入步骤 1
的模子中。用手压紧中央使
其埋入模子，并堆起侧面。

3 从模子中取出，待其干燥。

4 边缘放上装饰达人（粉砂糖），
用手指拍打均匀。
没有装饰达人时，将婴儿爽身粉与
丙烯颜料（钛白色）混合，用画笔拍
打的方式粘到表面（与丙烯颜料混
合，使粉固定）。

5 用未上色的黏土制作成直径
1.8cm 泪珠形状的圆球。底
部涂胶，贴合于步骤 4 内侧。

6 黏土四周重叠少量橙子（柚
子），并用胶水粘合。

7 装饰各种装饰零件，位置确
定后，用胶水粘合。

⋮

顶部用装饰巧克力 2 及 4、切开的
橙子切片、细叶芹装饰。

顶部用装饰巧克力 2 及 6、树莓、
蓝莓、开心果装饰。

樱桃派

... p.34

材料

黏土

MODENA

上色

丙烯颜料
〈铁黄色〉
〈生赭色〉
〈浅红褐色〉
〈浅棕红色〉

GRACE COLORS
〈红色〉
〈蓝色〉

清漆〈光亮型〉
模型凝胶

成品尺寸
直径约 4cm

准备

按 p.16 的要领，用丙烯颜料（铁黄色）上色为浅黄色，制作成直径 3cm 的圆球。

模型凝胶

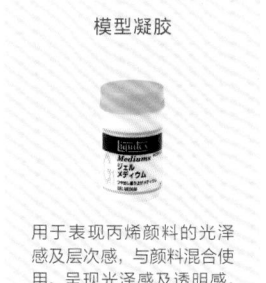

用于表现丙烯颜料的光泽感及层次感，与颜料混合使用，呈现光泽感及透明感。而且，也可作为胶水使用。

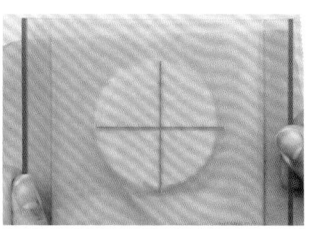

1 用压模器（或刻度尺）压住圆球，拉伸为直径 6cm 的圆形。

建议用烤箱纸夹住黏土，避免附着。

2 用直径 4.7cm 的圆形模子切出形状。

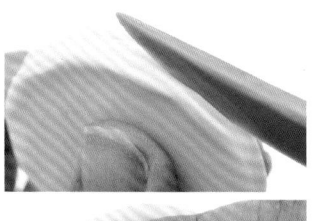

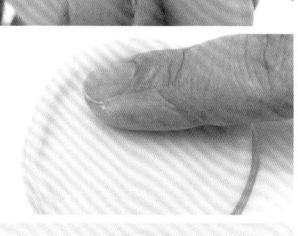

3 用黏土刮刀在侧面划入条纹，用手按住中央，使其稍稍凹陷。

侧面划入细条纹，表现派的层次感。

4 将直径为 1cm（红色）及 6mm（蓝色）的 GRACE COLORS 黏土混合于直径 2cm 的未上色黏土中。将直径为 1cm（红色）及 7mm（蓝色）的 GRACE COLORS 黏土混合于另一个直径 2cm 的未上色黏土中。

5 将步骤 4 的黏土搓成直径为 5mm 的圆球，并塞入步骤 3 的成品中。

通过深浅微妙差异的双色黏土表现樱桃。塞入时随机。

6 用黏土刮刀从上方轻压，稍稍压平。

7 用丙烯颜料（铁黄色）上色的黏土制作成直径为 2.2cm 的圆球，再用压模器（或刻度尺）压住圆球，使其扁平。接着，用美工刀切成细条（制作 10 条左右）。

8 在步骤6的表面涂水，等间隔摆放步骤7的黏土。

13 用美工刀切出1块。

　　切出1/6左右，整体显得均匀。

11 用黏土刮刀在侧面划入条纹，修整步骤3划入的条纹。

14 用美工刀戳开切开的切面，制作出质感。

9 在步骤8的黏土上涂水，竖直方向同样摆放。外侧多出部分用剪刀剪掉。

　　剪掉多余黏土时切口保持倾斜，使其与底座更协调。

15 表面薄薄涂布（中间的樱桃部分也要涂布）清漆（光亮型）。

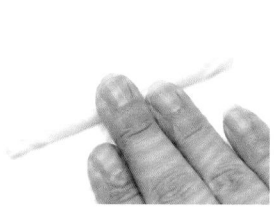

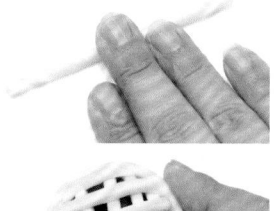

12 用海绵蘸取丙烯颜料（铁黄色），通过拍打对整体上色（格子状部分用画笔）。同样方法，依次涂布（生赭色）、（浅红褐色）及（浅棕红色）。

　　如果使用化妆用粉扑，色调深浅恰到好处，更显自然。各处涂布浅棕红色，表现焦黄质感。

10 将用丙烯颜料（铁黄色）上色的黏土制作成直径为1.3cm的圆球，对齐步骤9成品四周的长度（长度13cm左右）拉伸。涂胶水，粘合于四周。

16 用牙签将模型凝胶粘到表面各处，并用海绵拍打。

　　使用模型凝胶，表现光泽及脆感。

part

3

装饰零件

水果、坚果、巧克力等，甜点装饰中使用的各种零件。

体型虽小，却是影响整体效果的关键。

关注细节，小心处理。

即使同一种甜品，根据零件的组合搭配，也能发挥出无限想象力。

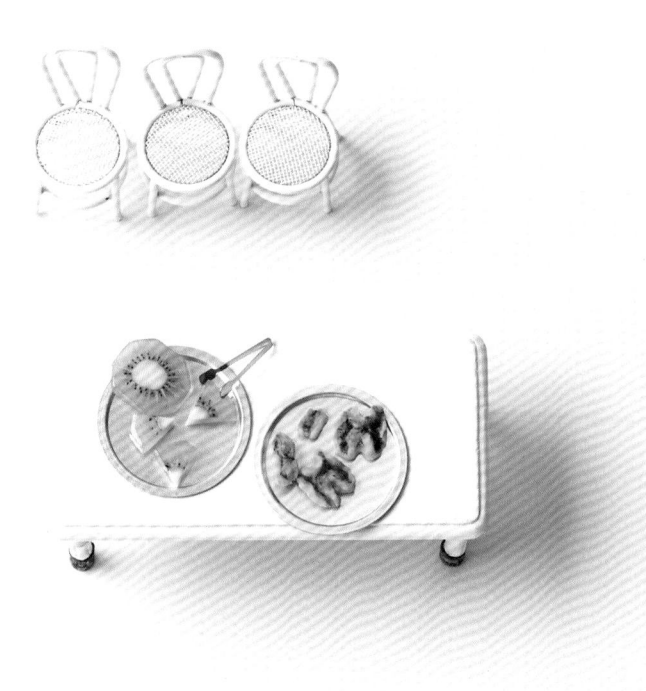

草莓
香蕉
苹果

草莓可以整颗使用，也可切半或切片，是非常实用的装饰。
仔细画出种子是香蕉装饰的关键。
苹果切片粘合更显华丽。

草莓
→制作方法 p.49

香蕉
→ 制作方法 p.50

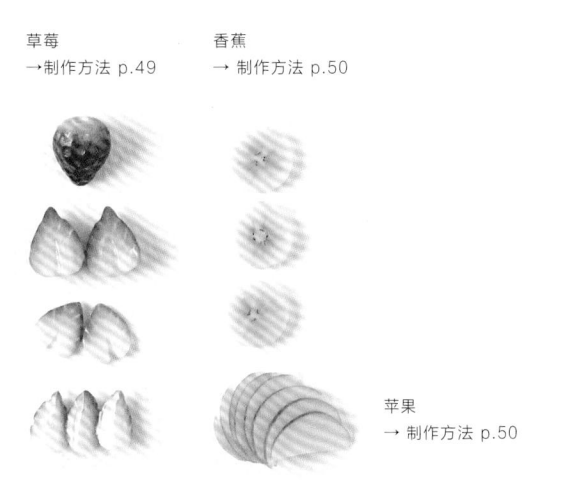

苹果
→ 制作方法 p.50

la fraise, banane, pomme

草莓

... p.48

材料

黏土

GRACE

上色

装饰颜色
〈草莓汁〉

丙烯颜料
〈钛白色〉

美容用注射器

前端为圆形，正好适合表现草莓种子的形状。

用尖嘴钳将前端压成椭圆形之后使用。

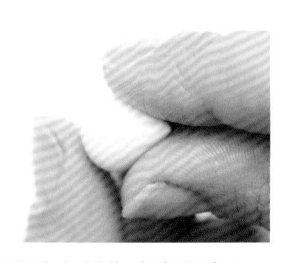

1 用黏土制作成直径为 1 ~ 1.3cm 的圆球，捏住前端制作成泪珠形状。

对照甜点大小，调整圆珠的大小。

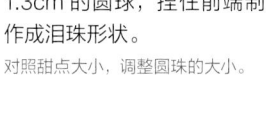

2 插入牙签，用甜点细工棒压住，制作出凹陷。

用前端细小圆润的棒子压住，表现种子部分。

3 用压成椭圆形的美容用注射器压住步骤 2 的凹坑，制作出种子花纹。

如果没有美容用注射器，也可使用塑料裱花袋（p.54）。

4 插入海绵，待其干燥。

用美工刀在海绵上加入切口，更容易插入海绵。

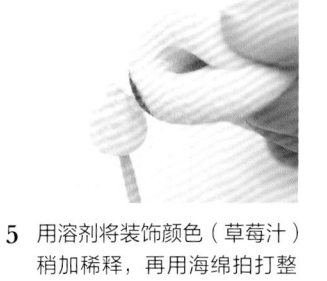

5 用溶剂将装饰颜色（草莓汁）稍加稀释，再用海绵拍打整体上色。

装饰颜色混合另行购买的丙烯溶剂，稍稍拉伸后方便涂布。再用装饰海绵拍打，制作出深浅层次。

6 插入海绵，待其干燥。

.....

〈草莓的切开〉

8 用溶剂将装饰颜色（草莓汁）稍加稀释，用海绵蘸取，对切面的边缘上色。

7 用美工刀将已经干燥的草莓切成 1/2 或 1/4。切片时，先用软性胶水固定草莓底部。

切成 1/2 的状态。

9 用极细的画笔蘸取丙烯颜料（钛白色），从边缘朝向内侧描线。

用软性胶水等将黏土固定于一次性筷子，方便操作。

切成 1/4 的状态。

切片的状态。

草莓切片的模子

需要制作大量同类物体时，有模子更方便。

按 p.40 的要领，对切片的草莓制作模子，下次制作时节省成形时间。黏土塞入模子中，按步骤 8 ~ 9 上色。

干燥后稍稍缩小的黏土为原型模子，使用模子制作，会比成品尺寸稍小。

香蕉 ... p.48

材料

黏土
GRACE

上色
丙烯颜料
〈铁黄色〉
〈浅棕红色〉

准备

按 p.16 的要领，用装饰颜色（铁黄色）将黏土上色为浅黄色，制作成直径为 1cm 的圆球。

苹果 ... p.48

材料

黏土
GRACE

上色
装饰颜色
〈柠檬汁〉
〈草莓汁〉

木工胶水

准备

按 p.16 的要领，用装饰颜色（柠檬汁）将黏土上色为浅黄色，制作成直径为 2cm 的圆球。

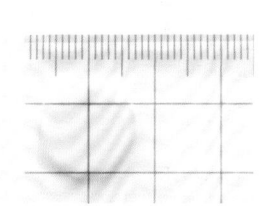

1 用刻度尺将圆球压平。

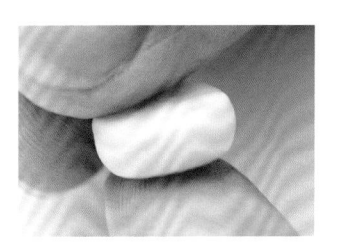

2 用手指抓住边缘，制作边角。

3 用黏土刮刀在侧面划入条纹。

4 竖直方向同样划入 5 处左右条纹，并待其干燥。

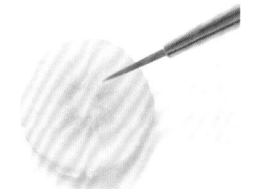

5 用极细的画笔蘸取丙烯颜料（钛白色），从中心呈放射状画细线。

6 用极细的画笔蘸取丙烯颜料（浅棕红色），在中心画种子。

香蕉的模子

需要制作大量同类物体时，有模子更方便。

按 p.40 的要领，对步骤 3 的成品制作模子，下次制作时节省成形时间。黏土塞入模子中，按步骤 5 ~ 6 上色。

干燥后稍稍缩小的黏土为原型模子，使用模子制作，会比成品尺寸稍小。

1 用美工刀将已经干燥的黏土对半切开，上方再切掉 2 ~ 3mm。

用软性胶水固定底部，方便切。

2 将黏土（切片朝下）固定于一次性筷子，用经过溶剂稀释的装饰颜色（草莓汁）画线上色。

装饰颜色混合另行购买的丙烯溶剂，稍稍拉伸后方便涂布。自由涂布稍稍保留黏土的底色，表现果皮的质感。

3 用软性胶水固定，再用美工刀切成薄片。

4 根据喜好，粘合切片苹果。用软性胶水固定 1 片，再涂上胶水粘合底部。

白桃
黄桃
黑莓
树莓
蓝莓
红醋栗
樱桃

与其他水果搭配，
或者撒上各种彩色装饰，
是装饰甜点的好帮手。

白桃、黄桃
→ 制作方法 p.53

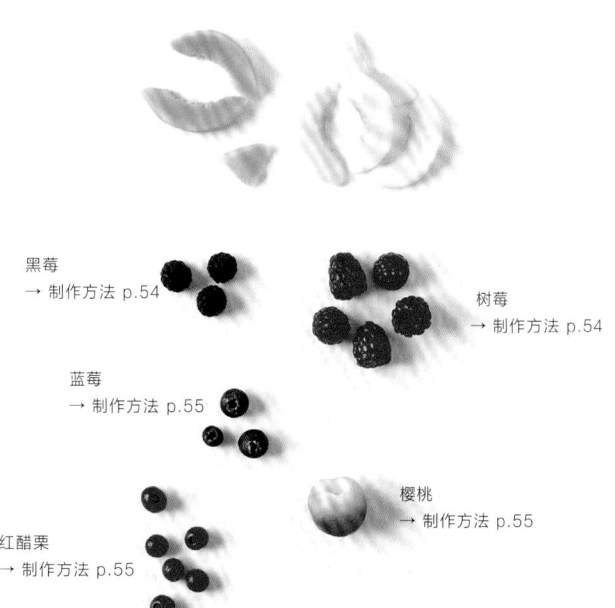

黑莓
→ 制作方法 p.54

树莓
→ 制作方法 p.54

蓝莓
→ 制作方法 p.55

樱桃
→ 制作方法 p.55

红醋栗
→ 制作方法 p.55

pêcher, mûre,
framboise, myrtille,
groseille, cerise

PARTIES

白桃

... p.52

材料

黏土
GRACE

上色
装饰颜色
〈柠檬汁〉
〈草莓汁〉

准备

按 p.16 的要领，用装饰颜料（柠檬汁）将黏土上色为浅黄色，制作成直径为 8mm 的圆球。

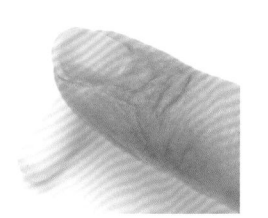

1 将圆球拉伸成长度为 1.5cm 的棒状。

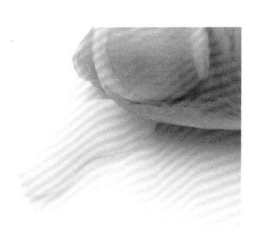

2 稍稍折弯，用手指抓住上端，制作边角。

3 两侧稍稍折弯，制作成月牙形状，修整形状。

4 用牙签稍稍戳乱正中央，并待其干燥。

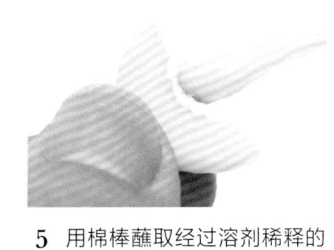

5 用棉棒蘸取经过溶剂稀释的装饰颜色（草莓汁），对步骤 4 戳乱部分上色。

装饰颜色混合另行购买的丙烯溶剂，稍稍拉伸后方便涂布。

黄桃

... p.52

材料

黏土
GRACE

上色
装饰颜色
〈橙汁〉

按 p.16 的要领，用装饰颜色（橙汁）对黏土上色。之后，与白桃的制作方法一样。但是，不需要步骤 5 的上色。

桃子的模子

需要制作大量同类物体时，有模子更方便。

按 p.40 的要领，对桃子的成品制作模子，下次制作时节省成形时间。黏土塞入模子中，按步骤 4 ~ 5 上色。

干燥后稍稍缩小的黏土为原型模子，使用模子制作，会比成品尺寸稍小。

黑莓

... p.52

材料

黏土

GRACE COLORS
〈红色〉
〈蓝色〉

1 将搓圆的直径为 8mm（红色）及 1cm（蓝色）的 GRACE COLORS 混合上色。

2 从步骤 1 的成品中取直径为 6mm 的圆球（1 个用量），插入牙签。

少量黏土不易上色，应将几个组合一起制作。

3 用塑料裱花袋压住，制作花纹。

〈 塑料裱花袋 〉

压住黏土后形成细小突起，方便用于画种子等。前端大小根据制作物体调整。

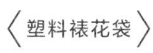

将塑料裱花袋剪成合适大小，前端卷细，用胶带固定。

树莓

... p.52

材料

黏土

SUKERUKUN

上色

釉彩涂料
〈亮红色〉
装饰颜色
〈草莓汁〉

1 按 p.20 的要领，用釉彩涂料（亮红色）上色为粉色。

应注意，SUKERUKUN 干燥后颜色变深。上色时，应比目标颜色稍浅。为了表现透明感，用光亮型涂料上色。

2 从步骤 1 的成品中取直径 8mm 的圆球（1 个用量），插入甜点细工棒，修整为稍显细长的形状。

少量黏土不易上色，应将几个组合一起制作。

3 用细管或透明裱花袋等压住，制作花纹。

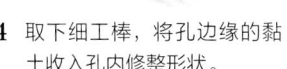

4 取下细工棒，将孔边缘的黏土收入孔内修整形状。

5 插入牙签，涂布经过溶剂稀释的装饰颜色（草莓汁）。干燥后取下牙签，孔内侧也要涂布。

装饰颜色混合另行购买的丙烯溶剂，稍稍拉伸后方便涂布。

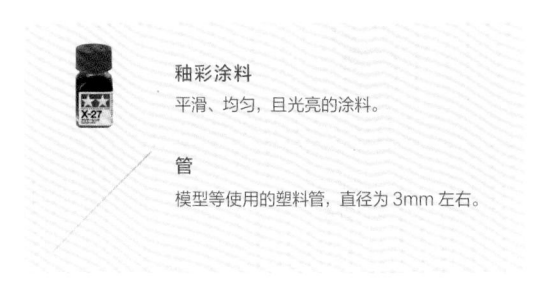

釉彩涂料
平滑、均匀，且光亮的涂料。

管
模型等使用的塑料管，直径为 3mm 左右。

蓝莓

... p.52

材料

黏土

GRACE
GRACE COLORS
〈红色〉
〈蓝色〉

上色

丙烯颜料
〈钛白色〉

准备

将搓圆的直径为 1cm 的 GRACE
和 8mm（红色）及 1cm（蓝色）
的 GRACE COLORS 混合上色。

1　取直径为 5mm 的圆球（1
　个用量），用牙签的顶部压住，
　制作出凹坑。

　少量黏土不易上色，应将几个组合
　一起制作。对照甜点，调整大小。

2　用牙签戳深步骤 1 的凹坑，
　并待其干燥。

3　根据喜好，用丙烯颜料（钛
　白色）在凹坑四周稍稍上色。

　制作形状小时，可以省去此步骤。

红醋栗

... p.52

材料

黏土

SUKERUKUN

上色

釉彩涂料（p.54）
〈亮红色〉
装饰颜色
〈草莓汁〉
丙烯颜料
〈象牙黑〉

准备

按 p.16 的要领，用釉彩涂料（亮
红色）上色为粉色。
应注意，SUKERUKUN 干燥后颜
色变深。上色时，应比目标颜色稍
浅。为了表现透明感，用光亮型涂
料上色。

1　取直径为 5mm 的圆球（1
　个用量），插入牙签，并待其
　干燥。

　少量黏土不易上色，应将几个组合
　一起制作。

2　涂布经过溶剂稀释的装饰颜
　色（草莓汁）。

　装饰颜色混合另行购买的丙烯溶剂，
　稍稍拉伸后方便涂布。

3　干燥之后取下牙签，用丙烯
　颜料（象牙黑）将孔边缘
　涂黑。

樱桃

... p.52

材料

黏土

GRACE

上色

装饰颜色
〈柠檬汁〉
〈草莓汁〉

准备

按 p.16 的要领，用装饰颜色（柠
檬汁）上色为浅黄色，制作成直径
1cm 的圆球。

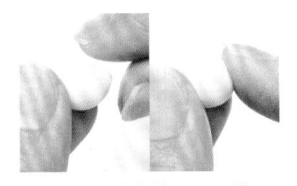

1　抓住圆球的前端，用手指压
　平突出部分。

2　用黏土刮刀在正中央划入 1
　处条纹。

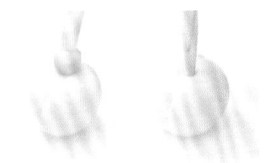

3　用甜点细工棒压住正中央，
　制作出凹坑。牙签插入凹坑
　部分，并待其干燥。

4　用溶剂稍稍稀释装饰颜色（草
　莓汁），用海绵蘸取后拍打，
　对整体上色。

橙子切片
猕猴桃
蜜瓜球
橙子
柚子

橙子、猕猴桃、蜜瓜球等充满维生素色彩的水果。
使用能够表现透明感的黏土，
水润诱人。

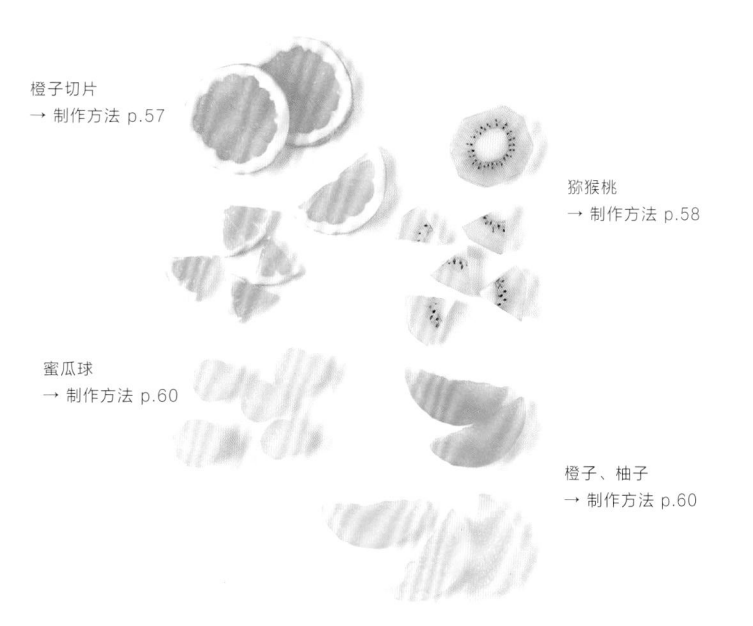

橙子切片
→ 制作方法 p.57

猕猴桃
→ 制作方法 p.58

蜜瓜球
→ 制作方法 p.60

橙子、柚子
→ 制作方法 p.60

orange tranche, kiwi, melon balle,
orange, pamplemousse

PARTIES

橙子切片

... p.56

材料

黏土

SUKERUKUN
GRACE

上色

装饰颜色
〈橙汁〉
〈柠檬汁〉

丙烯颜料
〈钛白色〉
〈亮橙色〉

木工胶水

准备

按 p.16 的要领，混合装饰颜色（橙汁）及（柠檬汁），将黏土（SUKERUKUN）上色为浅橙色，制作成直径为 1.3cm 的圆球。

应注意，SUKERUKUN 干燥后颜色变深。上色时，应比目标颜色稍浅。为了表现透明感，用光亮型涂料上色。

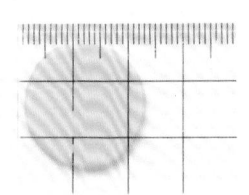

1 用刻度尺压平圆球。

2 用黏土刮刀呈放射状划入 12 个条纹。

放在圆形盖子上，方便拿起转动，操作更容易。

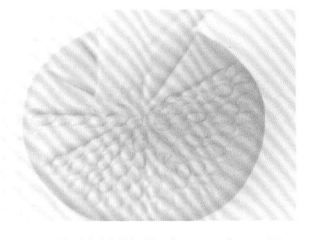

3 用塑料裱花袋（p.54）压住，整体制作花纹。

步骤 2 制作的条纹消失也没有关系。

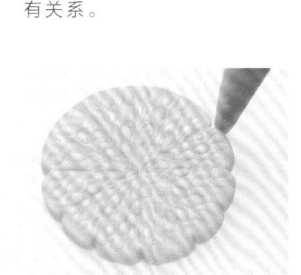

4 对齐步骤 2 的条纹，用黏土刮刀在边缘制作出凹痕。

5 用黏土刮刀沿着步骤 2 的条纹重新划入，正中央制作出圆形凹坑，并待其干燥。

6 将丙烯颜料（钛白色）混合于搓圆的直径为 1.5cm 的黏土（GTACE）中，拉伸成长度约 8cm 的棒状。

如果未上色，黏土干燥时呈透明状，应混合白色颜料。

7 在步骤 5 边缘涂胶，卷起步骤 6 成品。

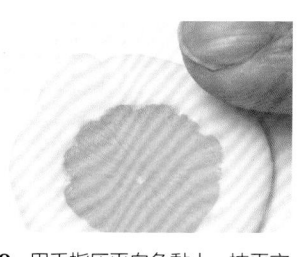

8 用手指压平白色黏土，抹平交界位置。

10 沿着步骤9制作的痕迹，除去多余的黏土。

11 用牙刷压住侧面，制作出质感，并待其干燥。

12 用丙烯颜料（亮橙色）在侧面上色，根据喜好切开。

9 用直径为3.4cm的圆形模子压住移动，切出圆形痕迹。

利用圆形模子的弧线制作痕迹，使白色黏土呈圆形。

橙子切片的模子

需要制作大量同类物体时，有模子更方便。

按p.40的要领，对步骤5的成品制作模子，下次制作时节省成形时间。黏土塞入模子中，按步骤6～12上色。

干燥后稍稍缩小的黏土为原型模子，使用模子制作，会比成品尺寸稍小。

猕猴桃

... p.56

材料

黏土
SUKERUKUN
GRACE

上色
装饰颜色
〈柠檬汁〉
〈蓝色夏威夷〉
丙烯颜料
〈钛白色〉
〈象牙黑〉

准备

按p.16的要领，混合装饰颜色（柠檬汁）及（蓝色夏威夷），将黏土（SUKERUKUN）上色为浅黄绿色，制作成直径为1.3cm的圆球。

应注意，SUKERUKUN干燥后颜色变深。上色时，应比目标颜色稍浅。为了表现透明感，用光亮型涂料上色。

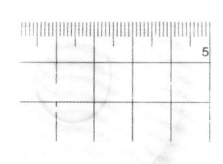

1 用刻度尺等压住圆球，压平成椭圆形。

放在圆形盖子上，方便拿起转动，操作更容易。

4 待其干燥。

正中央的孔需要塞入白色黏土，应待其充分干燥，避免其走形。

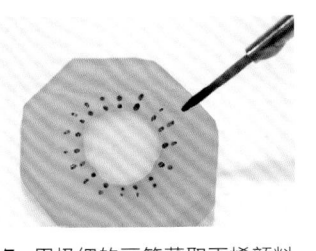

7 用极细的画笔蘸取丙烯颜料（象牙黑），画种子。

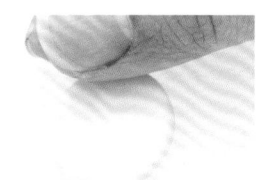

2 用手指抓住边缘，制作边角。

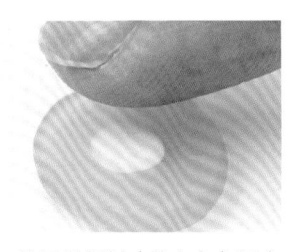

5 将丙烯颜料（钛白色）混合于搓圆的直径为 5mm 的黏土（GRACE）中，塞入正中央，待其干燥。

如果未上色，黏土干燥时呈透明状，应混合白色颜料。塞入时，黏土过多则除去多余的黏土，过少则补充。

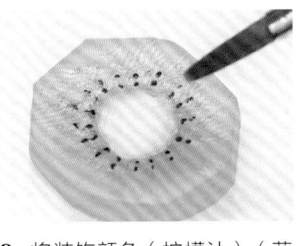

8 将装饰颜色（柠檬汁）、（蓝色夏威夷）混合制作成绿色，用细画笔从中心向外侧画线上色。

3 在直径为 6mm 的吸管上涂布婴儿润肤油（避免黏土附着），切掉正中央部分。

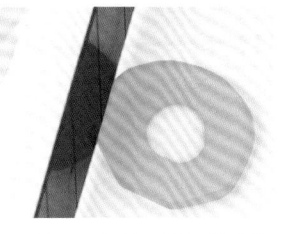

6 用美工刀切掉四周，修整为八边形。

9 用极细的画笔蘸取丙烯颜料（钛白色），在种子之间画线，根据喜好切开。

蜜瓜球

... p.56

材料

黏土

SUKERUKUN

上色

装饰颜色
〈柠檬汁〉
〈蓝色夏威夷〉

准备

按 p.16 的要领,混合装饰颜色(柠檬汁)及(蓝色夏威夷),将黏土(SUKERUKUN)上色为浅黄绿色,制作成直径为 1cm 的圆球。
应注意,SUKERUKUN 干燥后颜色变深。上色时,应比目标颜色稍浅。

用搓圆褶皱的锡纸压住圆球,制作出凹凸。

橙子
柚子

... p.56

材料

黏土

SUKERUKUN

上色

装饰颜色
〈橙汁〉
〈柠檬汁〉

准备

按 p.16 的要领,混合装饰颜色(橙汁)及(柠檬汁),将橙子染色为浅橙色,柚子染色成浅黄色,制作成直径为 1.2cm 的圆球。

～～～～～～
橙子、柚子的
模子
～～～～～～

需要制作大量同类物体时,有模子更方便。

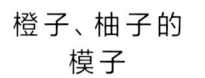

按 p.40 的要领,对步骤 3 的成品制作模子,下次制作时节省成形时间。最后,将黏土塞入模子中即可。
干燥后稍稍缩小的黏土为原型模子,使用模子制作,会比成品尺寸稍小。

1 拉伸长度为 1.5cm 的棍子,用手指压住顶端,制作边角。

2 两侧稍稍折弯,制作成月牙形状。

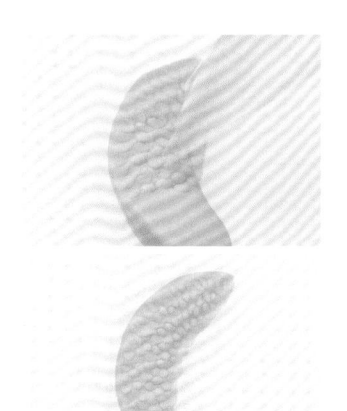

3 用塑料裱花袋(p.54)压住,制作花纹。

薄荷
细叶芹

用黏土塑造香气芬芳的叶片。
装饰一片，承托甜品。
使用实物制作模子，轻松方便。

menthe, cerfeuil

薄荷   细叶芹

PARTIES

材料

黏土

GRACE
GRACE COLORS
〈绿色〉
〈黄色〉

准备

薄荷   细叶芹

· 按 p.40 的要领，以真的薄荷、细叶芹为原型制作模子。
· 将搓圆的直径为 4mm（绿色）及 7mm（黄色）的 GRACE COLORS 混合于搓圆的直径为 1cm 的 GRACE 中，进行上色。

1　将上过色的黏土塞入模子中（建议用黏土刮刀压紧）。

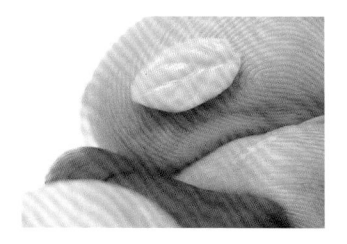

2　从模子中取出黏土。

3　用手指抓住根部，修整形状。

核桃
杏仁
腰果
开心果

适合任何甜点的核桃、杏仁、腰果等，
颜料重叠涂布，
装饰出香浓的烤制颜色。

核桃
→ 制作方法 p.64

杏仁
→ 制作方法 p.64

腰果
→ 制作方法 p.64

开心果
→ 制作方法 p.65

切碎的杏仁
→ 制作方法 p.65

切片杏仁
→ 制作方法 p.65

noyer, amandes,
les noix de cajou, pistache

PARTIES

葡萄干
红蔓越莓干

成人口感的干果。
用镊子夹住黏土，制作成形。

葡萄干
→ 制作方法 p.66

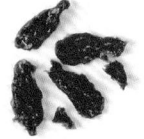

蔓越莓干
→ 制作方法 p.66

raisins secs,
canneberges séchées

马卡龙

小巧可爱的马卡龙。
用于甜点装饰，格外添彩！
→ 制作方法 p.66

macaron

核桃 ... p.62

材料

黏土

MODENA

上色

丙烯颜料

〈铁黄色〉

〈浅红褐色〉

〈浅棕红色〉

准备

按 p.16 的要领，用丙烯颜料（铁黄色）将黏土上色为浅黄色，制作成直径为 8mm 的圆球。

~~~~~~~~~~~~~~~~~~~

核桃的模子

~~~~~~~~~~~~~~~~~~~

按 p.40 的要领，对步骤 2 的成品制作模子，下次制作时节省成形时间。黏土塞入模子中，按步骤 3 ~ 4 上色。

干燥后稍稍缩小的黏土为原型模子，使用模子制作，会比成品尺寸稍小。

需要制作大量同类物体时，有模子更方便。

1 用黏土刮刀从两侧向圆球的正中央划入条纹。

2 用甜点细工棒等使其凹陷，制作成核桃形状，并待其干燥。

建议参照实物核桃修整形状。以"H"形状为主体，更容易制作。

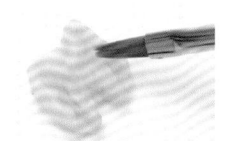

3 用丙烯颜料（铁黄色）对凹坑内上色。

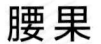

4 与步骤 3 同样，按顺序依次重叠涂布丙烯颜料（铁黄色）、（浅红褐色）、（浅棕红色）。并根据需要切开。

腰果

... p.62

材料

黏土

MODENA

上色

丙烯颜料

〈铁黄色〉

准备

按 p.16 的要领，用丙烯颜料（铁黄色）将黏土上色为浅黄色，制作成直径为 1cm 的圆球。

1 将圆球拉伸成长度为 1.5cm 的棒状，折弯两侧，制作成月牙状。用手指轻压表面，制作出凹凸质感。

2 沿着弧线，用黏土刮刀制作 1 个条纹。

杏仁 ... p.62

材料

黏土

MODENA

上色

丙烯颜料

〈铁黄色〉

〈浅红褐色〉

〈浅棕红色〉

准备

按 p.16 的要领，用丙烯颜料（铁黄色）将黏土上色为浅黄色，制作成直径为 8mm ~ 1cm 的圆球。

对照甜点，调整大小。

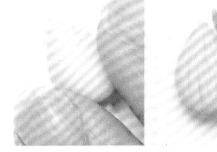

1 抓住圆球的前端，压住两侧，修整为杏仁的形状。用黏土刮刀朝向前端划入细条纹，并待其干燥。

2 按顺序依次重叠涂布丙烯颜料（铁黄色）、（浅红褐色）、（浅棕红色）。

沿着条纹，朝着固定方向移动画笔涂布。

开心果

... p.62

材料

黏土

MODENA

上色

丙烯颜料
〈铁黄色〉
〈永固绿〉

准备

按 p.16 的要领，用丙烯颜料（铁黄色）及（永固绿）将黏土上色为浅黄绿色，制作成直径为 1.3cm 的圆球。

1 将圆球拉伸成长度约 4cm 的棒状，用手指压平，并待其干燥。

2 用丙烯颜料（永固绿）在表面上色。

3 用美工刀切细。

切碎的
杏仁

... p.62

材料

黏土

MODENA

上色

丙烯颜料
〈铁黄色〉
〈浅红褐色〉
〈浅棕红色〉

准备

按 p.16 的要领，用丙烯颜料（铁黄色）将黏土上色为浅黄色，制作成直径为 1.3cm 的圆球。

1 将圆球拉伸成长度约 3.5cm 的棒状，用刻度尺压平。用黏土刮刀横向划入细条纹，并待其干燥。

2 按顺序依次重叠涂布丙烯颜料（铁黄色）、（浅红褐色）、（浅棕红色）。

沿着条纹，朝着固定方向移动画笔涂布。

3 用美工刀切细。

切片的
杏仁

... p.62

材料

黏土

MODENA

上色

丙烯颜料
〈铁黄色〉
〈浅红褐色〉
〈浅棕红色〉

准备

按 p.16 的要领，用丙烯颜料（铁黄色）将黏土上色为浅黄色，制作成直径为 1.3cm 的圆球。

1 将圆球拉伸成长度约 3.5cm 的棒状，待其干燥。

2 用美工刀切薄。

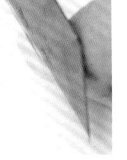

3 将丙烯颜料（铁黄色）、（浅红褐色）、（浅棕红色）混合，用海绵怕打步骤 2 成品的表面，稍稍上色。

三种颜色混合，表现香脆的烤制颜色。可以不是整体上色，呈斑驳状即可。

葡萄干 ... p.63

材料

`黏土`

SUKERUKUN

`上色`

装饰颜色
〈草莓汁〉
〈柠檬汁〉
〈蓝色夏威夷〉

准备

按 p.16 的要领，混合装饰颜色（柠檬汁）、（柠檬汁）及（蓝色夏威夷），将黏土（SUKERUKUN）上色为浅棕红色，制作成直径为 7mm 的圆球。

应注意，SUKERUKUN 干燥后颜色变深。上色时，应比目标颜色稍浅。

用手指将圆珠压平成椭圆形，用镊子夹住制作褶皱。

蔓越莓干 ... p.63

材料

`黏土`

SUKERUKUN

`上色`

釉彩涂料
〈亮红色〉（p.54）

准备

按 p.16 的要领，用釉彩涂料（亮红色）上色为粉色，制作成直径为 4mm 的圆球。

为了表现透明感，需用光亮型涂料上色。

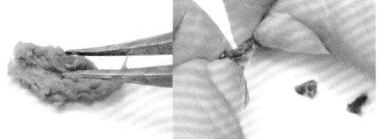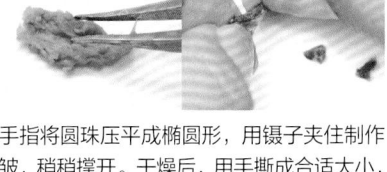

用手指将圆珠压平成椭圆形，用镊子夹住制作褶皱，稍稍撑开。干燥后，用手撕成合适大小，或用美工刀切开。

马卡龙 ... p.63

材料

`黏土`

MODENA

`上色`

丙烯颜料
〈铁黄色〉
〈永固绿〉

准备

按 p.16 的要领，用丙烯颜料（铁黄色）及（永固绿）将黏土上色为浅黄绿色，制作成直径为 1cm 的圆球。

马卡龙的模子

按 p.40 的要领，对完成的马卡龙成品制作模子，下次制作时节省成形时间。黏土塞入模子中，按步骤 5 操作即可。

干燥后稍稍缩小的黏土为原型模子，使用模子制作，会比成品尺寸稍小。

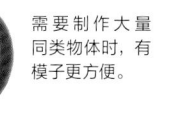

需要制作大量同类物体时，有模子更方便。

1 将婴儿润肤油涂布于比色刻度尺（p.5）的 F 的凹坑中，塞入黏土。

2 从比色刻度尺中取出黏土，用刻度尺压平。

3 用黏土刮刀在底部划入条纹。

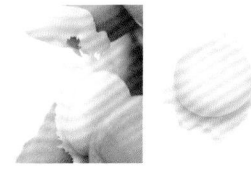

4 用手撕下四周多余的黏土。

5 用牙签戳被撕下黏土的部分。

表现马卡龙的底边。

装饰巧克力
chocolat

各种形状的巧克力装饰。
仿佛置身于盛大宴会中，
用于装饰华丽的甜点.

装饰巧克力
（1~6）

材料

[黏土]

MODENA

[上色]

巧克力

GRACE COLORS
〈棕色〉

白色巧克力

丙烯颜料
〈铁黄色〉
〈钛白色〉

抹茶巧克力

丙烯颜料
〈永固绿〉
〈铁黄色〉
〈钛白色〉

准备

将黏土上色为喜欢的颜色。
少量黏土不容易上色，需要多个组合一起制作。

巧克力
将搓圆的直径为 1.8cm 的黏土和搓圆的直径为 8mm 的 GRACE COLORS（棕色）混合，上色为深褐色。

白色巧克力
按 p.16 的要领，将（铁黄色）、（钛白色）混合，上色为奶白色。

抹茶巧克力
按 p.16 的要领，将（永固绿）、（铁黄色）及（钛白色）混合，上色为浅抹茶色。

（1）

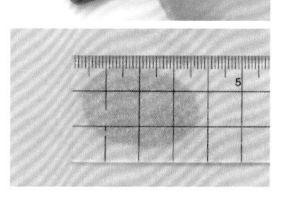

1 从上过色的黏土中取直径 1cm 的圆球（1个用量）。拉伸成长度为 2.5cm 的棒状，再用刻度尺等拉伸为椭圆形。

建议用烤箱纸夹住黏土，避免附着。

2 用美工刀切细。

3 将切细的黏土搓圆，制作成环状。

（2）

1 取直径 8mm 的圆球（1个用量），用刻度尺等拉伸成直径为 2.2cm 的圆形。

建议用烤箱纸夹住黏土，避免附着。

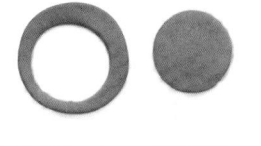

2 用直径为 1.5cm 的圆形模子，稍稍偏离中心切取。

根据喜好，也可切半。切掉的黏土还可用于装饰巧克力 3、4 等。

（3）

用刻度尺等将上过色的黏土拉伸平，再用美工刀切成正方形。

利用蛋糕插牌

用真的蛋糕插牌更方便，切取喜欢的部分使用。

（4）

装饰巧克力
（7、8）

材料

模型膏（p.71）
丙烯颜料
〈浅棕红色〉
木工胶水

准备

将丙烯颜料（浅棕红色）混合于模型膏中，上色为褐色。

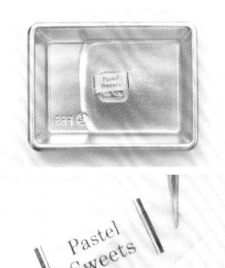

1 转印纸背面沾水，用镊子剥开纸。

将转印纸的图案对齐合适大小的黏土，用附带的棒子等从上方滚压之后轻轻剥开。

如果在意花纹的间隙，可以将转印纸的花纹对齐间隙部分，再次转印。

（7）

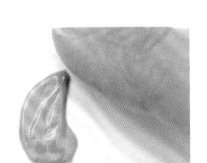

将上过色的模型膏滴入塑料膜中，用指尖擦拭制作雨滴形状。干燥之后，剥下。

2 粘贴于合适大小的黏土上，对齐纸的形状，用美工刀切掉多余部分。

转印纸

可以将图案等转印至黏土或滴胶的纸。可以印出手写体英文和7种符号。

（8）

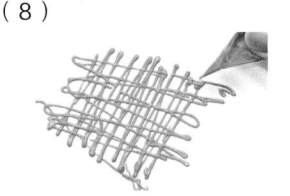

将上过色的模型膏倒入塑料纸制作的裱花袋中，在文件夹上画出格子线条，并待其干燥。

（5、6）

准备

从上过色的黏土中取直径为1cm的圆球（1个用量），拉伸成长度约4cm的棒状。用刻度尺拉伸平，再用美工刀切细。

（5）

将切细的黏土缠绕于吸管上，干燥后取下。留下卷绕部分，剪成合适长度。

（6）

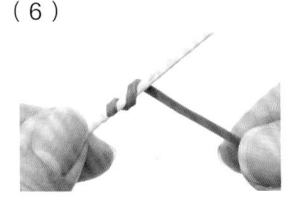

将切细的黏土缠绕于牙签上，干燥后取下。

两端切下，整齐均匀。

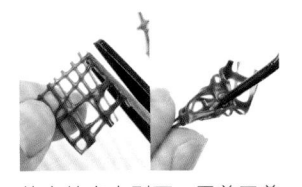

从文件夹中剥下，用剪刀剪成合适大小（边长2cm左右）。用镊子搓圆为筒状，用胶水固定。

水 果 酱
巧 克 力 酱

多彩、美味的各种酱料。
涂在甜点上，自由装饰。

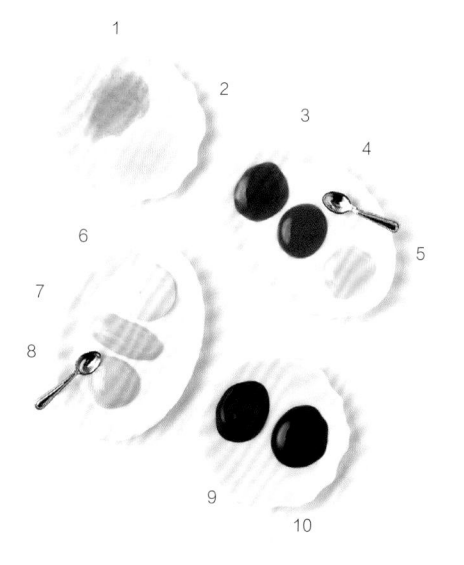

sauce au fruits
sauce au chocolat

环氧树脂胶水

两种液体等量混合，化学反应后硬化的胶水。黏稠度正好，用于制作需要光泽的酱料。

清漆〈光亮型〉

呈透明感，用于制作清爽的酱料。

模型膏

呈膏状的树脂黏土。具有耐水性，干燥后呈半透明状，用于制作无光泽的酱料。

~~~~~~~~~
酱 料 的 制 作 方 法
~~~~~~~~~

混合以下材料，制作喜欢的颜色

将作为坯子的胶水及清漆挤在便签纸上，混入少量丙烯颜料及涂料。环氧树脂胶水需要稍稍放置一会儿，达到容易涂布的硬度。

干燥后的黏土颜色会变深，上色时建议比成品目标颜色稍浅。

1 草莓果酱

清漆〈光亮型〉+ 装饰颜色〈草莓牛奶色〉

2 蜜瓜果酱

清漆〈光亮型〉+ 丙烯颜料〈永固绿〉

3 奶油酱

环氧树脂胶水 + 丙烯颜料〈铁黄色〉〈浅红褐色〉〈浅棕红色〉

4 黑醋栗

环氧树脂胶水 + 丙烯颜料〈艳红色〉

5 柚子果酱

环氧树脂胶水 + 丙烯颜料〈深镉黄〉

6 白色巧克力酱

环氧树脂胶水 + 丙烯颜料〈钛白色〉〈铁黄色〉

7 草莓巧克力酱

环氧树脂胶水 + 丙烯颜料〈钛白色〉+ 装饰颜色〈草莓牛奶色〉

8 抹茶巧克力酱

环氧树脂胶水 + 丙烯颜料〈钛白色〉〈铁黄色〉〈永固绿〉

9 巧克力酱 A

模型膏 + 丙烯颜料〈浅棕红色〉

10 巧克力酱 B

环氧树脂胶水 + 丙烯颜料〈浅棕红色〉

树脂黏土甜点
饰品

树脂黏土甜点可以直接作为装饰。

但是，装上金具，还能变身成精美可爱的包挂饰或胸针。

使用各种金具组合，制作出原创的饰品。

钥匙扣   包挂饰

胸针　　　　　　包挂饰

制作饰品的材料和工具

介绍制作饰品时使用的各种材料和工具。
金具种类很多，
可以准备自己喜欢的。

钥匙扣金具

使用带钥匙环的类型。环的部分可以挂上树脂黏土甜点及金属挂饰。

包挂饰金属

造型圆扣环除了树脂黏土甜点，还能挂金属挂饰，更显华丽。

帽针（胸针金具）

除了帽子，帽针还能作为胸针使用。用胶水将镂空零件粘合于圆座，再粘合树脂黏土甜点。

单圈（开口圈）

用于连接金具或零件，分为造型圆环等许多种类。配合制作物品，选择合适尺寸。

羊眼钉

插入树脂黏土甜点中，可连接金具。大小分类很多，对应装饰物选择。

镂空零件

树脂黏土甜点难以直接粘合于金具时，可以先粘合镂空零件。单圈穿入镂空零件的孔中，便可固定于金具。

金属挂饰、链子、丝带

搭配树脂黏土甜点使用的零件。尺寸及造型各异，可根据喜好选择。带珠子的链子可以剪断使用。

尖嘴钳

用于夹住或压平金具的工具。开闭单圈时，准备两个更方便。

胶水

粘合速度快，透明度高的类型。或者选择呈液态，容易涂布的类型。

> ## 饰品的
> ## 制作方法

用胶水粘合树脂黏土甜点的方法，以及安装羊眼钉的方法。
对应需要制作的物品及使用的金具，选择合适的方法。

用胶水粘合

只需将树脂黏土甜点直接粘合于金具的圆座等。
有的甜点形状难以保持平衡时，可以使用镂空零件。

胸针

1 在金具的圆座上涂胶水，粘合镂空零件。

2 镂空零件上涂胶水，粘合树脂黏土甜点。

安装羊眼钉

需要将树脂黏土甜点挂在金具上时，可以插入羊眼钉。
穿上单圈，还能组合金属挂饰、链子等装饰零件。

钥匙圈、包挂饰

1 用尖嘴钳夹住羊眼钉，拧入造型物上部。

2 撑开单圈，穿入羊眼钉和金具的环中，闭合单圈连接。

单圈的使用方法

○　　　　×

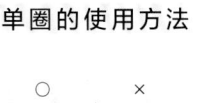

开闭单圈时，用两个尖嘴钳夹住两侧，前后错开。如果朝向左右打开，可能导致强度降低，应注意。